憩行之变 · 低碳之机

骆天庆　李维敏　著

U0248023

同济大学出版社 · 上海

目录

序

　　18 世纪 60 年代以来的工业化发展，于人类在地球上从起源、进化，到生存、发展的漫长历程而言，无异乎是"瞬息之间"；但其对于人类社会和整个地球的改造则前所未有，由此引发的负面影响也已危及全球气候，并由气候变化引发了日渐频繁、严重的自然灾害。面向未来的可持续愿景，绿色低碳发展担负着人类社会后续发展的重大责任。欧盟作为应对全球气候变化、减少温室气体排放行动的有力倡导者，因严格的气候政策和经济发展策略，其 27 国作为整体，在 1990 年达到碳排放量由增转降的历史拐点；美国碳排放量位居世界第二，在 2007 年达到峰值后逐年降低。中国作为目前世界上碳排放量最高的国家于 2015 年 6 月向《联合国气候变化框架公约》秘书处提交了《强化应对气候变化行动——中国国家自主贡献》报告，目标在 2030 年碳排放达到峰值，实现碳排放与经济发展的脱钩。

　　在绿色低碳发展的约束下，产业、能源、空间、交通结构必须转型升级，通过源头管控实现减排。其中，交通领域对于低碳发展，尤其是对于碳排放趋近峰值阶段的减排而言是关键。欧美国家在完成工业化以后，交通领域的碳排放一般会占碳排放总量的 1/3 左右，并在工业生产等碳排放显著下降的情况下，交通排放仍然表现出持续增长的规律性。中国目前交通运输排放约占碳排放总量的 10.4%，而"十四五"仍然是交通大建设、大发展的时期。交通发展的技术水平和能源结构尚未发生根本性转变，交通领域的碳排放总量还会持续增加。就交通结构而言，公路交通远超铁路、海运和航空的碳排放量，占目前全国交通运输碳排放总量的 80% 以上，其中营业性公路交通主要是大型卡车，非营业性公路交通主要是私车，各占了 40% 多，是交通碳排放的主体和减排重点。

　　因此，在城市中减少私车使用成为交通减排的主要议题。建设公共交通、绿道系统、完善公交、共享单车服务，鼓励轨交、公交＋慢行的出行方式，是解决问题的最主要路径。相较于日常规律的上下班通勤交通，城市游憩出行因时间和目的地多样且随意性强等特征，通过交通管理策略削减私车出行率具有相当的不确定性。随着休闲经济在 21 世纪的主导性发展，人们的户外游憩概率大幅增长。不可否认，若能有效降低游憩出行时的私车使用频次，积微致著，将对我国的绿色低碳发展作出重要贡献。

居民的出行行为以及私车的保有情况，往往与社会经济特征密切相关，不同社会阶层的出行特征会存在差异。城市的空间要素和布局结构是交通行为产生的背景环境，对出行方式具有引导作用。因此，对于不同发展水平中的城市，借助社会经济分层，并基于游憩空间布局来考察居民的游憩出行意愿，可推断出游憩出行方式和意向随城市化和机动化水平改变的规律。

本书由 2019 年国家社会科学基金社会学类项目"机动化进程下中国城市公园游憩出行方式的意向改变及分层研判"结项研究报告改编而成。该项目研究聚焦于公园这一主要的城市人口日常户外游憩空间，以上海和洛杉矶作为案例城市，分析阐述了其内在社会经济发展、社会分层情况和机动化发展差异；调研了两地的公园体系以及市民的游憩出行特征和意向差异；借助两地不同的经济发展水平和社会分层差异，探究城市化和机动化水平的差异对于城市公园游憩出行方式和意向的作用；借助出行行为和意向性研究结论，提出合理的城市公园布局规划意见，以削减出行距离和机动车出行频率，提升城市中公园游憩的低碳出行（指以步行、自行车等方式出行）率。

上海-洛杉矶的调研工作历经 5 年（2009—2014）。2009—2010 年，针对上海 11 个公园进行调研，获得 638 份有效问卷；到 2011 年，针对洛杉矶 60 个公园的调研完成，获得 918 份有效问卷，其中包括 45 个社区公园的 420 份有效问卷；2014 年，上海补充调研——重点针对 16 个社区性公园开展使用人群的分层调研，获得了 494 份有效问卷。上海四季分明，调研时间选择在户外游憩活动较集中的春秋两季里天气晴好的周末或节假日；洛杉矶属温带地中海型气候，全年气候温和、多晴少雨，调研时间选择在日常天气晴好的周末或节假日，未考虑季节性差异。调研问卷针对个人的实际收入分层、私车保有和使用情况、到访交通情况和出行意向进行设问。由于上海公园，尤其是社区公园的现实游憩出行方式主要是步行，因此调研时以出行时间和交通状况的满意度来设问，间接考察调研人群对当前出行方式的真实意愿。由于洛杉矶各类公园都以自驾为主要的到访交通方式，为探求其高机动化水平下民众的步行出行意愿，调研问卷对于意向出行方式进行了直接设问。

　　慢行，尤其是步行，是本书重点关注的低碳游憩出行方式，这也是在健康城市建设框架下倡导绿色出行的健康生活方式。从个人角度来说，定期步行可增强体力、提高耐力，对人的心肺功能起到很好的锻炼作用。世界卫生组织（WHO）的数据显示，65岁以上老年人每周步行大于或等于4小时比每周步行小于1小时的心血管疾病发病率减少69%，病死率减少73%。采用绿色出行的健康生活方式不仅可以减少能源消耗及其对环境造成的污染，还可以显著改善身体健康状况，令人类社会重归良性可持续发展的轨道。

上海

审图号：GS(2016)1665号

底图来源：http://bzdt.ch.mnr.gov.cn/

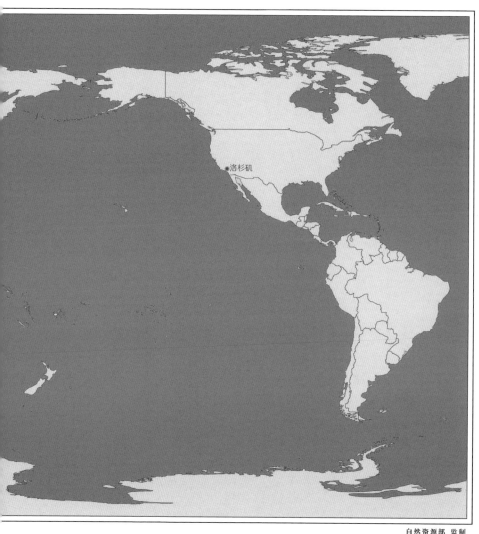

洛杉矶

自然资源部 监制

交通的机动化和城市的扩张是全球各大城市都经历过的发展道路。在城市人口规模快速发展以及以土地规模增加为主导的经济发展模式下，随着市区人口密度的下降和用地的扩张，城市的交通、环境、城市活动组织等问题会日益凸显（孔令斌，2009）。

中国的上海和美国的洛杉矶都是人口规模超过联合国划分标准 100 万的特大城市。特大城市通常因人口众多、空间扩张、形态复杂而交通问题突出，加上公共绿地欠缺等问题，更具调控的必要性和迫切性。并且，由于特大城市人多地广、发展历史长、拥有更多的游憩出行人口和更丰富的公园样本，能够为憩行研究提供一定的便利。

全球背景下的
上海 - 洛杉矶
与低碳慢行

洛杉矶州立历史公园（Los Angeles State Historic Park）

1. 上海 - 洛杉矶及相关研究区域

上海原本是一个典型的单中心特大城市，随着城市建设用地的迅速扩张，近郊沿交通轴线与中心城区连绵建设，日渐呈现沿交通轴辐射的多中心的区域城市化态势（图 1-1）。

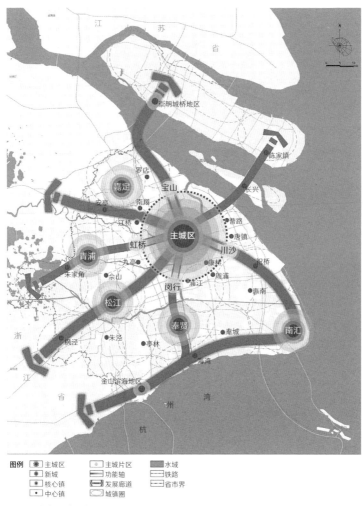

图 1-1 上海城市化空间态势 [图片来源：《上海市城市总体规划 (2017—2035 年)》]

洛杉矶是一个典型的同核城市群，涉及三个地理概念：① 大洛杉矶地区，包括洛杉矶县、奥兰治县、河滨县等 5 个县 131 个城市，2010 年人口 1780 万，是美国最大的城市群；② 洛杉矶县，由 88 个城市组成；③ 洛杉矶，即洛杉矶市（the City of Los Angeles，为便于阅读，本书将洛杉矶市简称为"洛杉矶"），美国第二大城市，2010 年人口 379 万。洛杉矶和其他大小不等的城市穿插在自然山地之间，组成了洛杉矶大都市区（图 1-2）。

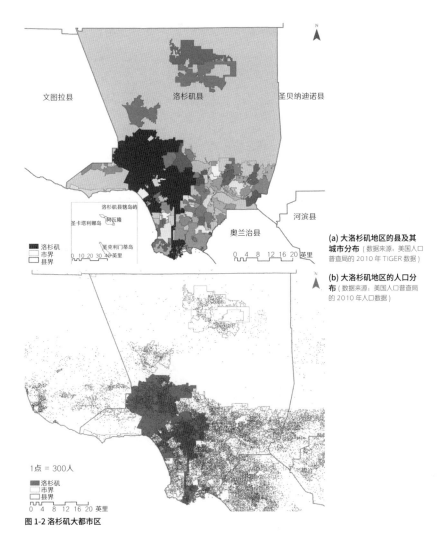

(a) **大洛杉矶地区的县及其城市分布**（数据来源：美国人口普查局的 2010 年 TIGER 数据）

(b) **大洛杉矶地区的人口分布**（数据来源：美国人口普查局的 2010 年人口数据）

图 1-2 洛杉矶大都市区

为减小不同的城市空间形态对研究结果的影响，本研究主要选取了外环绿地以内、目前城市化水平较高、建成区较集中的上海中心城区（以下简称"上海"）和洛杉矶大都市区中心区域的洛杉矶作为比较研究的对象（图 1-3）。空间范围的界定主要是基于以下考虑：

（1）上海中心城区和洛杉矶作为两地城市化区域的核心，城市空间建设充分，自然斑块较少，便于在城市环境中对公园游憩出行进行研究；

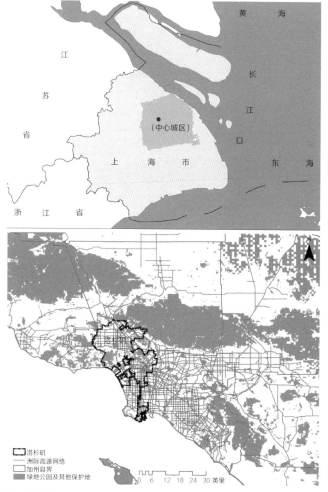

(a) 研究区域：上海中心城区 [底图来源：国家自然资源部，审图号：GS(2019)3266 号]

(b) 研究区域：洛杉矶 (数据来源：美国人口普查局的 2010 年 TIGER 数据；加州地理空间资讯入口网站 2022 年国家高速路系统；2022 年加利福尼亚保护区数据库)

图 1-3 案例城市研究区域示意图

（2）上海和洛杉矶是在各自大区域内最早开始城市化进程且目前城市化水平较高的两个区域，人口集中，公园建设完善，相关研究和历史数据较为充分，便于获取所需的研究样本和数据。

研究需要参照各种统计数据。在美国，街区是最小的统计地理单元，因此洛杉矶（都市区、县及市）的区界与其统计区界基本吻合。中国的统计是按行政单元操作的，最小的统计单元是街道，因此上海的区界与其统计区界吻合，而上海中心城区是以外环绿地界定的，其区界与统计区界并不吻合。为了便于利用必要的统计数据，以上海中心城区涉及的街道范围作为最终的研究范围（图1-4）。

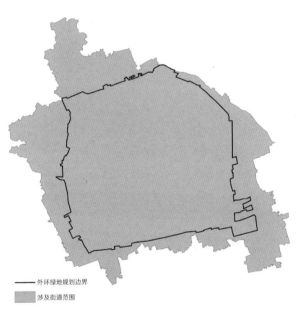

—— 外环绿地规划边界

涉及街道范围

图1-4 上海中心城区涉及的街道范围 [数据来源，上海市民政局、上海市规划和国土资源管理局、上海市地名管理办公室策划，上海市测绘院编制.《上海市行政区划与地名图（内部使用）》. 审图号：沪 S（2011）071号]

2. 上海 - 洛杉矶在中美两国的先发代表性

上海的经济发展和城市化进程一直处于中国各大城市的最前沿，机动化水平也居于前列，并率先于 1998 年进入了休闲经济[1]时期。对于当前中国城市普遍借助政策导向和快速城市化进程推进的城市公园绿地建设模式而言，上海公园绿地建设具有一定代表性（Luo et al., 2011），而其中的经验教训可为中国及世界各国的其他城市所借鉴。

20 世纪 60 年代，美国人均 GDP 已超过 3000 美元，进入休闲经济的大发展时期（吴承忠，2009）。洛杉矶作为美国第二大城市（以人口总量和人口密度测算）和第二大城市经济体，在 20 世纪 70 年代已完成了城市化的快速发展。这是世界上第一个完全为适应机动化而设计的城市（仇保兴，2007），其早期以小汽车交通为导向的低密度扩张式发展曾是学术界公认的"反面教材"；但是，从 20 世纪末开始，借助社区重建、环境恢复、公交建设、经济复兴等措施的改良后，洛杉矶又成为美国学术界的新宠，并被视为未来城市的发展样板（王旭，2001）。城市公园的建设发端于美国，而洛杉矶城市公园系统的建设与发展在美国城市中具有一定的代表性（骆天庆，2013）。洛杉矶在城市机动化发展和公园游憩方面的一系列教训和改良经验均可成为全球城市的发展借鉴。

3. 上海 - 洛杉矶在全球背景下比较研究的意义

从经济发展的角度看，衡量人类社会可持续发展的一般经济标准包括社会生产力发展标准和公平标准（周叔莲 等，2001）。其中，社会生产力发展标准在经济统计指标之外还应涵盖指征生产力要素和结构的多种社会性指标，如劳动者、

---

[1]　休闲经济是基于大众化休闲，由休闲消费需求和休闲产品供给构筑的经济，是人类社会发展到大众普遍拥有大量闲暇时间和剩余财富的社会时代而产生的经济现象。发展休闲经济的要务是进行城乡休闲功能建设，而城乡休闲功能建设面向的是旅游者以及消费需求量更大的当地居民。国内现有研究少有论及社会经济发展水平与居民休闲需求之间的关系，而国际通行的衡量标准认为，当人均 GDP 达到 3000 美元时，旅游需求开始向休闲游憩跨越。上海 1998 年的人均 GDP 已达到 3047 美元。

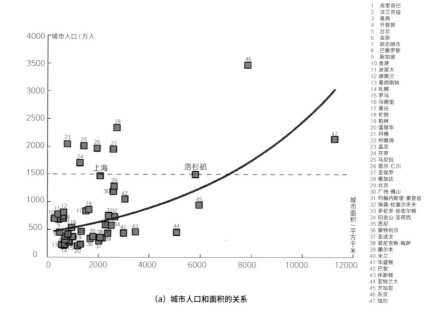

1 库里奇巴
2 法兰克福
3 雅典
4 开普敦
5 台北
6 金奈
7 胡志明市
8 巴塞罗那
9 新加坡
10 香港
11 波哥大
12 德黑兰
13 曼彻斯特
14 札幌
15 罗马
16 马德里
17 曼谷
18 伦敦
19 柏林
20 温哥华
21 丹佛
22 利雅得
23 孟买
24 开罗
25 马尼拉
26 首尔-仁川
27 圣保罗
28 雅加达
29 北京
30 广州-佛山
31 约翰内斯堡-豪登省
32 埃森-杜塞尔多夫
33 多伦多-哈密尔顿
34 旧金山-圣荷西
35 悉尼
36 蒙特利尔
37 圣迭戈
38 菲尼克斯-梅萨
39 墨尔本
40 米兰
41 华盛顿
42 巴黎
43 休斯顿
44 亚特兰大
45 芝加哥
46 东京
47 纽约

(a) 城市人口和面积的关系

劳动手段等（"社会主义生产力标准问题研究"课题组，1988）。从社会学角度看，当代中国社会的公平、公正问题在"社会分层"和"社会空间"两个方面表现得十分明显（李强，2012）。宏观考察社会生产力指标和社会分层指标，上海 - 洛杉矶具有重要的比较研究价值。

　　借助宏观统计数据比较全球主要特大城市的人口、面积、城市交通可持续性和国内生产总值，可以发现上海和洛杉矶人口规模相近[2]，但城市空间尺度、经济生产水平和交通可持续性水平差异显著[3]（图1-5）。上海的经济生产水平与这些特大城市中的大多数相接近，城市建设以传统的高密度城市空间为特色，而具有更高经济生产水平的洛杉矶则以典型的美国式低密度建设为特色，二者的机动化水平差距较大。因此，作为两种典型的城市形态 - 交通模式的代表，上海 - 洛杉矶具有重要的比较研究价值。

2　为统一统计数据口径，在宏观比较中采用了2009年各城市实际城市化区域的人口和面积数据。
3　交通可持续性评价结果根据杰弗里·肯沃西（Jeffrey Kenworthy）的一项研究（Kenworthy，2008）。

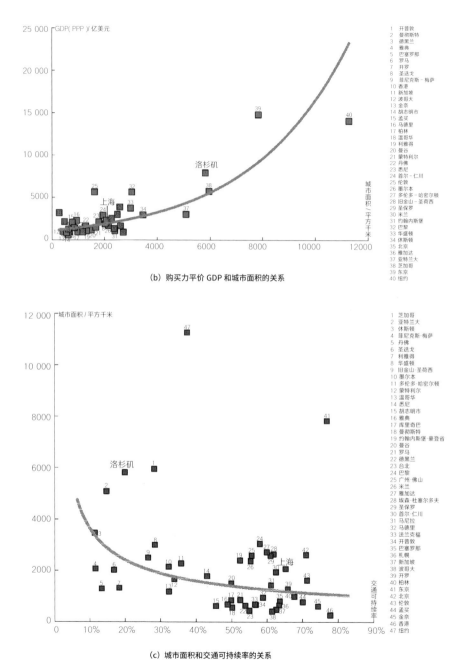

（b）购买力平价 GDP 和城市面积的关系

（c）城市面积和交通可持续率的关系

图 1-5 世界主要特大城市的社会经济、人口、面积和交通可持续性

上海 - 洛杉矶因外来人口众多，均有多样化的社会分层（仇立平，2010；Wolch et al.，2002），而且经济分层的区间重合和顺序衔接情况相对理想（图1-6）。这不仅便于通过同阶层数据的比较探求两地出行方式和意向的差异，而且便于利用两地顺序衔接的阶层数据研究公园游憩出行对应社会经济分层的改变规律。

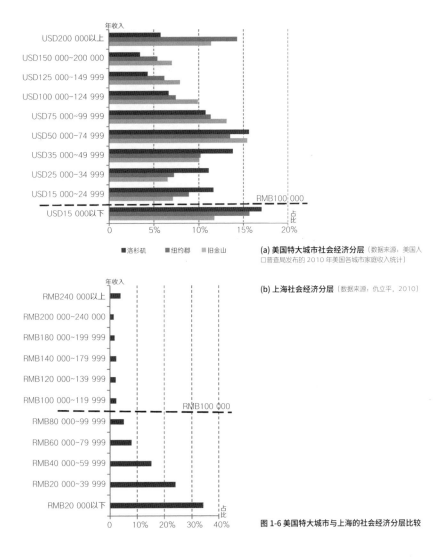

(a) 美国特大城市社会经济分层（数据来源：美国人口普查局发布的 2010 年美国各城市家庭收入统计）

(b) 上海社会经济分层（数据来源：仇立平，2010）

图 1-6 美国特大城市与上海的社会经济分层比较

4. 全球城市的低碳憩行现状

作为居民日常户外游憩主要去处的城市公园绿地，是否方便可达以及适于以何种交通方式抵达，是衡量一个城市低碳憩行水平的重要因素。

19世纪中叶发端于美国的"公园运动"既引领了现代城市公园的建设浪潮，也使得美国城市公园成为全球代表性的公园体系之一。美国城市公园综合、实用，注重运动休闲和户外游憩（麦华，2006），以步行可达、面向社区居民日常游憩的社区公园为主体。因此，步行到访是美国社区公园研究的首要议题（骆天庆等，2015）。然而，在现实中，各个城市的公园步行可达性水平仍有相当大的差距（表 1-1）。洛杉矶因长期机动化导向的城市发展模式，步行可达性水平尤其低，且不同收入水平的社区之间公园的可达性水平差异也较为显著（Sister et al.，2010）

表 1-1 美国七大城市的公园可达性差异 (根据: The Trust for Public Land,2004)

城市	住地 400 米范围内享有公园的儿童占比	住地 400 米范围内缺少公园的儿童数量（人）
波士顿	97%	2900
纽约	91%	178 500
旧金山	85%	16 700
西雅图	79%	18 600
圣地亚哥	65%	102 300
达拉斯	42%	182 800
洛杉矶（洛杉矶县）	33%（36%）	657 700（1 694 400）

公园绿地的可达性同样是欧洲户外游憩研究所关注的重要议题。得益于城市中各种历史街区片段以及近几十年来由北欧城市率先倡导的构建无车和适宜步行城市环境的建设导向，欧洲城市相较于美国城市普遍更适合步行出行。因此，其对于公园绿地可达性的关注更聚焦于社会公平性层面（Gentin，2011）。不同社会群体所享有的公园绿地可达性存在显著的差异（Comber et al.，2008），从而提示以社会学视角研究公园绿地憩行状况的必要性。

20 多年来，中国快速的经济发展以及城市化和机动化进程使得城市，特别是城市的外围地区朝着有悖于传统高密度以及利于步行和自行车使用的路网方向发展（潘海啸 等，2009）；私车保有量和使用量速增，而总量调控政策已捉襟见肘（王光荣，2014）；城市公园建设的郊野化和人口郊区化致使城市外围公园使用人群规模增加。在以上与其他多种因素的共同作用下，使得公园游憩的低碳出行率显著下降（骆天庆 等，2011）。与此同时，中国的社会分层日益显著，具有阶层特征的生活方式、文化模式已逐渐形成（李强，2005）；但是，对于城市公园使用和到访方式的研究，国内尚没有从社会阶层差异角度切入的先例。因此，借助社会分层进行游憩出行行为和意向研究，指导公园规划以获得更为合理的公园布局，从而削减公园游憩的出行距离和机动车出行频率，提升低碳憩行率成为当务之急。

洛杉矶 101 高速路市中心（Downton）段

社会经济发展阶段与城市化、机动化发展阶段存在一定的关联，可互为参照，通常可借助收入性指标（主要是人均经济总量指标）进行衡量。常用的收入性指标包括人均经济总量指标（如人均 GDP）和居民收入指标（如人均可支配收入）。指标的核算角度不同，但在内涵上一脉相承，存在明显的层级关系，绝对量指标之间高度正相关。

上海与洛杉矶各居中美两国城市发展的领先地位。洛杉矶的经济发展水平相对较高，且与上海的经济发展阶段具有顺接对比性。这种顺接对比性在以两地个人所得税率级别衡量的居民收入分层方面也同样有所体现。

上海外滩

洛杉矶市中心

城市发展与社会分层

上海人民广场

1. 经济发展阶段

经济发展是社会这一复杂的巨系统中多种因素的综合结果。从历史的角度，经济发展经历了若干次显著的变革，生产力水平、生产资料和技术方式以及主导产业的种种改变，伴随社会关系、结构和生活方式的显著变化，形成了一次又一次的经济浪潮，开启了一个又一个新的发展阶段。未来学家莫利托（Graham T. T. Molitor）在 20 世纪末根据不同时期的产业基础，总结了人类社会曾经历的 4 个经济发展阶段，并预言未来 1000 年将要经历的 5 个经济发展阶段（表 2-1）。由于相邻的变革会重叠着向前发展，这些阶段彼此之间并不能截然区分。

在复杂的经济发展过程中，阶段性的划分需要能够反映尽可能多的信息以及尽可能简化的度量指标。自 20 世纪 20 年代始，西方经济学者从不同角度对经济发展阶段的划分进行了一系列的探索；20 世纪 80 年代之后，中国学者借鉴西方经济学的理论，对中国经济发展阶段的划分进行了广泛探讨。这些探索大都是围绕着各国当前正在经历的发展进程展开的。其中，钱纳里（Hollis B. Chenery）标准模式揭示了人均 GDP 指标的丰富含义及其在经济阶段划分中的

表 2-1 人类社会曾经和将要经历的经济发展阶段 (根据: Molitor, 1999)

社会经济发展阶段		顶峰 / 主导时期（根据美国的发展情况 *）	发展特征
曾经	农业时代	19 世纪 80 年代开始衰落	从土地获取食物和生活物资
	工业时代	20 世纪 20 年代开始衰落	大规模的制造业
	服务业时代	1956 年开始衰落	利用第三方提供的技术专家和服务
	信息时代	1976 年开始主导	运用智能和知识产品开展教育、娱乐和社会事务管理
未来	休闲经济时代	2015 年开始主导	接待、游憩与娱乐
	生命科学时代	主导至 2100 年	生物技术、基因工程、转基因、生物制药等
	超物质时代	2100—2300 年主导	以量子力学、粒子物理学、纳米技术、同位素、超导体、显微成像系统等为核心技术
	新原子时代	2250—2500 年主导	在化石燃料消耗殆尽之后，以热核聚变、氢氘同位素、激光为核心技术
	新太空时代	3000 年前主导	征服太空，突破已知的宇宙极限

注: * 从 19 世纪末以来，美国一直引领着世界经济的发展。

重要意义，给出了客观的人均经济总量与发展阶段之间的数量关系（表2-2），使得人均 GDP 成为国际上判断经济发展阶段最为通用的指标，被世界银行等国际和区域性组织广泛使用（齐元静 等，2013）。中国学者普遍采用该标准进行了大量国内经济发展的实证研究（图2-1），本研究也不例外。

表 2-2 钱纳里经济发展阶段划分标准（根据：Chenery, et al., 1986）

阶段	经济发展期	1970 年（美元）
第 I 阶段	初级产品生产阶段 I	100 ~ 140
	初级产品生产阶段 II	140 ~ 280
第 II 阶段	工业化初期	280 ~ 560
	工业化中期	560 ~ 1120
	工业化后期	1120 ~ 2100
第 III 阶段	发达经济初期	2100 ~ 3360
	发达经济时期	3360 ~ 5040

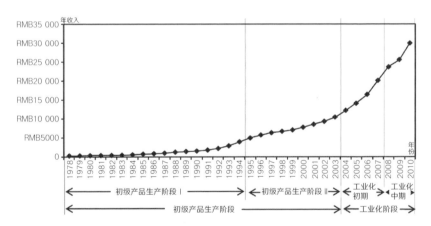

图 2-1 钱纳里标准下的中国经济发展阶段判断（图片来源：齐元静 等，2013）

2. 社会经济发展与城市化、机动化

发展是一种关系到整个社会体系转变的多维过程，要正确衡量这一过程，还需要有社会指标作为收入指标（人均 GDP 及其修正指标）的补充（卡恩，1991）。社会经济的发展造成了城市的急剧演变，而交通则是城市发展，尤其是其格局改变的一项决定性因素。城市交通的具体方式和基础设施建设均与经济发展紧密相关。尽管不同国家历史和文化的变迁各有差异，土地利用和交通规划也不尽相同，但在通过城市化、机动化、环境与财政现状等方面所体现的经济发展阶段中存在着共通的潜在机制，有可能从中提炼出通用的理论，从而建立适应不同国家不同经济发展阶段的可持续发展的土地利用和交通策略（林良嗣，2007）。据此，本研究将城市化和机动化阶段作为社会经济发展阶段的综合参照。

2.1 社会经济发展与城市化阶段

城市化是社会经济结构发生根本性变化的结果，表现为人口迁移、产业转移、发展空间转换和社会文化转变的复杂过程。

在城市化研究中，尤其是在中国学者的城市化研究中，常采用诺瑟姆（Ray M. Northam）的阶段划分理论。1979 年，美国城市地理学家诺瑟姆总结城市化发展的过程近似一条"S"形曲线，且可相应地划分为 3 个阶段：城市化水平较低且发展缓慢的初始阶段（Initial Stage），城市化水平急剧上升的加速阶段（Accelerating Stage），城市化水平较高且发展平缓的最终阶段（Terminal Stage）。先发国家的城市化经历表明：通常在第二阶段开始时，城市化率低于30%；当城市化率发展超过 60%、70% 后，进入第三阶段，而 50% 是一个明显的拐点（图 2-2）。纵观世界各国，在城市化率达到 50% 左右时，城市化速度达到极限，并且以此为分界点——此前加速，此后减速（陈彦光 等，2006）。同时，这个拐点通常还表现为 30%~50% 阶段以牺牲社会公平而优先成就经济发展为特征，50%~70% 阶段则由于社会矛盾激化，必须反哺在经济发展过程中造成的社会保障和公共产品的缺失，以促进社会公平，达到经济与社会的平衡状态（李璐颖，2013）。

按照经济发展理论，城市化可进一步拓展为城市化、郊区化、反城市化和

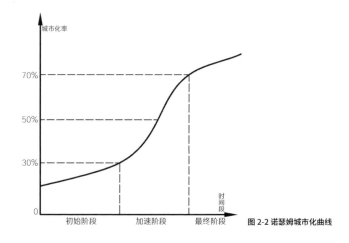

图 2-2 诺瑟姆城市化曲线

再城市化 4 个阶段（表 2-3。林良嗣，2007）。其中，城市化可贯穿诺瑟姆的
3 个阶段，而郊区化则始于城市化率 50% 的拐点附近——经济发展最快的时
候，集中发生在诺瑟姆的城市化最终阶段。由郊区化阶段开始，随着收入的增
加，人们的注意力开始由就业和收入转向文化生活、舒适度、安全和环境的可持
续发展等其他环节，生活方式和对生活质量的感知不断地发生变化（林良嗣，
2007）。

城市化与经济发展之间的规律性突出体现在一个国家的城市化率与人均国
民生产总值（GDP）之间存在着线性相关的关系（钱纳里，1975）。有学者通
过实证模型研究提出了城市化率与人均 GDP 的一般关系指标（表 2-4，张颖 等，
2003），并按统计分析的结果[4]将城市化与经济发展的协同进程分为 4 个阶段：
　　（1）初期阶段（人均 GDP200 ～ 500 美元）：城市化率与人均 GDP 显著相关，
特大城市人口比重的单独作用也很明显。
　　（2）起飞阶段（人均 GDP500 ～ 2000 美元）：快速增长、多重轨迹阶段，
经济产出与城市化水平都处于快速增长时期。由于发展方式多样，城市化率与人
均 GDP 以及特大城市人口比重单独作用的相关关系均不显著。
　　（3）高峰阶段（人均 GDP2000 ～ 10 000 美元）：高峰收敛阶段，城市化

─────
4　统计分析针对的是 1999 年世界各国发展指标。

率与人均 GDP 重新恢复到高度相关的关系,与特大城市人口比重单独作用的相关关系也再次显著。经济发展带来的城市化水平的增长相较之前的进程而言,明显趋缓。

(4)后期阶段(人均 GDP10 000 美元以上):后期选择性调节阶段,城市化率与人均 GDP 的相关性不再显著,而与特大城市人口比重的单独作用则仍然显著相关。国家和城市面临着经济政策与城市化方式的选择。

表 2-3 经济发展理论中的 4 个城市化阶段（根据:林良嗣,2007）

阶段	经济发展特征	城市发展特征
城市化阶段	第二产业和第三产业发展	人口从郊区移居城市,以寻找更高的收入
郊区化阶段	第二产业主导	城市中的中产阶级为了躲避城市内不断恶化的环境开始向郊区迁移
反城市化阶段	第二产业衰减	城市和郊区的收入几乎没有差异。虽然仍存在由郊区向城市的人口迁移,但是城市内部开始向外流失一些高收入者,同时还有一些因失业付不起房租的低收入者。城市内部问题出现,引发"城市衰落"
再城市化阶段	第三产业发展	政府采取措施进行重建,以使城市内部重新引进产业、获得居民

表 2-4 城市化率与人均 GDP 的一般关系指标（根据:张颖 等,2003）

人均 GDP（1999 年,美元）	城市化率标准值
100	21.7%
200	29.7%
300	34.4%
400	37.7%
500	40.3%
800	45.8%
1000	48.3%
2000	56.3%
3000	61.0%
4000	64.3%
5000	66.9%
8000	72.4%
>8000	84.9%

2.2 社会经济发展与机动化水平

私车保有量的增长是由收入增长直接导致的（林良嗣，2007）。居民收入的常用指标为平均工资、居民人均可支配收入，与人均 GDP 的核算角度不同。人均 GDP 实质上反映的是国民的富裕程度和生活水平，与平均工资、居民人均可支配收入在内涵上一脉相承，存在明显的层级关系，绝对量指标之间高度正相关（王云芳，2012）。

当人均年收入在 5000 美元以内时，各个城市的私车保有量几乎呈现一致的上升趋势；然而，当人均年收入超出 5000 美元时，即使工资水平相同，由于交通基础设施的建设差异，各个城市间私车保有量水平会存在差异（林良嗣，2007）。一般而言，依赖道路系统的城市，人口密度较低，郊区的居民必须保有小汽车才能满足通勤、购物等出行需求，因而机动化率较高。

3. 社会分层

社会分层是随着一个国家社会经济的发展，社会内部个人或群体因占有社会资源的多寡而在人与人之间、不同群体之间产生并表现出来的层级差异，特别是在经济利益方面的差异（曲丽娜，2017）。社会分层所形成的阶级和阶层结构在相当程度上反映了一个国家的社会结构和政治结构的状态与特征（项继权 等，2017），构成了狭义的社会结构概念（刘欣 等，2018）。社会分化所造成的阶层利益分化，使得"社会公平""社会整合"成为中西方社会学研究的重要议题（黄颂，2002；李路路，2018）。若社会不平等是绝对性的存在，在社会成员总体上基本接受既有分层制度，以及各阶层成员都有正常、制度化的利益诉求渠道的情况下，阶层意识对于阶层成员的个体行为具有一种约束作用。不同的社会阶层从客观的阶层地位到主观的阶层态度或行为，都可能存在明显的差距（王小章，2001）。并且，无论在特定国家的研究结果如何，阶层在态度和生活方式上所起的作用似乎会因为大规模结构变换（例如工业或社区的兴衰）、政治决策（例如那些改变税收系统的再分配）、法律因素（例如财产权的定义），或者机构发展（例如出现致力于"高文化"的正式组织）而发生改变，并因时间和不同国家的情况而异（Dimaggio，2005）。

社会分层是社会学理论的重要议题，研究学派众多，观点纷呈[5]，但各学派间的相互融合和综合发展日趋明显（黄颂，2002；荣娥 等，2007）。阶层的分析、识别与划分是社会分层研究的基本内容和方法。在人类的阶级和阶层思想史中，关于阶级和阶层的划分和识别标准一直存在分歧，但也在不断得以拓展和丰富：从单一指标发展到多元指标，从经济指标扩展到社会指标，从资源分层进入消费分层，并且阶级和阶层的空间分析和识别越来越受到人们的重视（项继权 等，2017）。阶层作为一个社会现象而具有多元属性，但为了更好地识别阶层这一客观存在，阶层划分所采用的指标应具有显著性、代表性和可行性，便于被准确测量（项继权 等，2017）。以财富、威望、权力这三重标准为核心的韦伯社会分层理论是西方社会分层理论的一个经典模式（风笑天，1997；荣娥 等，2007），而中国学界在使用"以职业为基础，以职业、教育和收入为指标的多元标准，以收入和消费为指标的阶梯性模型"描述中国社会结构之后，开始重返关系性模型，基于社会成员间的利益关系揭示收入不平等的原因（刘欣 等，2018）。在城市空间性建构过程中因利益、权力和资源分配的阶级不平等所导致的空间不平等，不仅涉及住宅，还涉及城市的空间布局（许叶萍 等，2016）。然而，目前中国学界对于阶层空间分层的社会学分析还较为薄弱，如何找到一个便于识别的阶层标志来呈现地理空间分布，将阶层的划分指标本土化、具体化和可操作化，尚需在变量的代表性、属性的易识别性和测量法则的可操作性上予以突破（项继权 等，2017）。

4. 居民收入分层

收入差距是社会差别的一个基本方面，也是某些其他社会判别形成的经济基础，并且由于收入具有明显的数量特征，因而成为划分地位高低的一个重要标准（景跃军 等，1999）。收入是社会地位的主要指标之一，收入差距与社会分层之间存在内生关系（Davis et al.，1945；王朝明 等，2007），在现实中具有

5　从源头上看，存在着具有范式意义的马克思分层模式和韦伯分层模式之区别；从二者的发展和继承上看，存在着冲突理论和功能理论之争论；从分层的层面上看，存在着职业分层、性别分层、年龄分层、宗教分层和种族分层等；从阶级意识和阶级行动的角度看，社会分层又存在着主观和客观两大维度（黄颂，2002；荣娥 等，2007）。

相互决定的作用。在西方，韦伯认为社会分层的第一个纬度是财富（荣娥 等，2007），而收入是增加财富的一个主要因素；从分割劳动力市场理论（强调"结构性"因素的影响作用）的研究视角看，在推行市场经济的社会中，收入结构仍然是主要的社会分层结构（李路路 等，2002）。在中国改革、发展、社会转型的过程中，收入分化和阶级分层是物质利益格局调整、重组和社会结构变迁、演进的表现（徐祥生 等，1999），并且实证表明二者具有明显的相关性（王朝明 等，2007；李春玲，2005）。因此，收入是社会分层的重要标准之一，虽然其理论基础不强，却被人们广泛采用（李强，2011）。

在城市中，由于空间作为财产性收入植入了社会分层（王卫城 等，2017），居民的收入分层往往会衍生出空间问题，不仅涉及住房，还涉及城市的空间布局，衍生出城市空间的平等和正义问题（许叶萍 等，2016）。在西方社会，这种收入和空间的社会分异在很大程度上与种族隔离和对立相关。例如美国是世界上种族对抗程度相对较高的国家之一（Bonacich，1972），美国社会的种族关系在前工业时期和工业时期形成了种族分层的格局，而现代工业时期的经济与政治基础变迁已使得经济阶级联系（economic class affiliation）成为比种族更重要的因素（Wilson，1978）。1970—1990 年，美国种族和种群的社会经济不平等已经有所减弱，但少数民族人口与多数民族人口之间的社会经济差距仍然存在，收入不平等成为其种族和族群大的问题（Hischman et al.，1999）。这种不平等在 20 世纪的最后 30 年开始悄然增长并表现明显，并且不平等的加剧有可能变得可自我维续（Morris et al.，1999）。近几十年来，美国社会经济集团之间在居住上的分隔已经增强，说明在个体层次上的居住地的流动和社会流动与在群体层次上的邻里分隔和不平等是有较强依赖关系的（Mare，2005）。

中国的城市化进程和城市空间分层是国家和政府实施统管体制的结果。因此，中国的空间分层现实与西方空间分层理论"似同而异"，住房极化、种族隔离、阶层隔离和对抗均不如西方国家严重；但迄今为止，国内在这方面的研究尚未提出与西方不同的新理论。统管体制对于城市空间的安排是一种行政决策，其体制优势是否能发挥出来取决于决策质量，而决策质量的高低则取决于决策依据和决策选择的科学性（许叶萍 等，2016）。因此，空间分异的相关研究对中国城市空间布局优化的指导意义尤为突出。

　　收入水平也是居民选择生活环境能力大小的一个量度 (Goldenberg et al., 2018)，因而成为居民的机动化水平及其感知公园可达性的重要影响因素 (Reyes et al., 2014；Wang et al., 2015)。大量研究表明，美国城市中公园步行可达性的不平等可基于收入和种族差异来表达 (Rigolon et al., 2018)；在中国，这方面的研究还有待推进。步行是一种出行行为，涉及行为人的个体意愿，但在社会学研究中，对不平等问题主要用人口统计学和社会结构的术语来描述分层现象，往往回避了人类行动的模型。缺少适合的关于人的行为理论是社会学模型发展的最大障碍。发展具体化微观过程的模型和把行为融进宏观层次的分层变化，是这个领域分层研究的重要突破（Mare，2005）。此外，人的交通出行行为的形成还会受到交通文化的影响（李振福，2003），因此有必要在研究中纳入交通文化作为涉及个人态度或模糊的集体情感的狭义文化因素，避免对分层的集体与文化意义的疏忽（Meyer，2005）。

洛杉矶潘兴广场（Pershing Square）

上海 - 洛杉矶的社会经济发展阶段与社会经济分层衔接

洛杉矶潘兴广场

1. 上海-洛杉矶的社会经济发展阶段比较

目前中美两国的经济发展和城市化水平处于相邻的发展阶段[6]，而机动化发展水平则差距较大（图3-1）。比对世界银行的人均国民收入净额情况，2013年的中国和1972年的美国人均年收入都超出了5000美元，进入机动化水平差异化发展阶段。上海和洛杉矶分别是中美两国发展水平领先的特大城市，制定正确的发展策略极为重要。

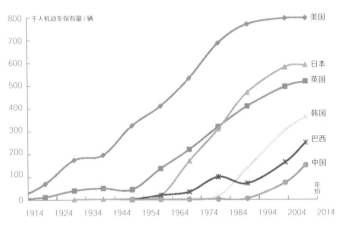

图 3-1 中美等主要国家千人机动车保有水平变化 （图片来源：张华 等，2017）

1.1 经济发展阶段

根据上海市统计年鉴，1995年，人均GDP超过2000美元；2009年，超过10 000美元；2014年，稳定增长到15 851美元——大致处于按钱纳里标准划分的"工业化后期"至"发达经济初期"的发展阶段。

6　按照世界银行以人均总收入对世界各国经济发展水平进行的分组，美国长期以来一直是高收入国家，中国则在2010年开始进入中等偏上收入国家之列。1961年，美国城市化率超过了70%。而中国在近几十年中迅速完成了先发国家几百年的城市化进程，城市化率在2011年首超50%。根据国务院发展研究中心调查研究报告及城市化发展规律曲线——诺瑟姆曲线预测，未来中国城市化水平的饱和值将在65%～75%，城市化的发展将继续保持稳定上升的态势（韩林飞 等，2014）。

根据美国经济分析局（Bureau of Economic Analysis，简称 BEA）的核算[7]，2011 年洛杉矶大都市区的 GDP 总量在全美各大都市区中排名第二，人均 GDP 约为 58 439 美元，进入按钱纳里标准划分的"发达经济"阶段。

1.2 城市化发展阶段

无论按城镇人口比例还是按城乡发展动力、城乡发展质量、城乡发展公平等综合性指标测算，上海的城市化水平一直位居全国第一（牛文元，2011），1994 年就已达到 70%。然而，城市化是一个复杂的社会、经济、文化乃至政治等的全面、综合的变化过程，以城市人口比重代表城市化水平仅仅是出于人口学视角，诺瑟姆阶段论尚有待改进、修正和发展，并且不同的国家或者地区的城市化阶段划分应取不同的临界值（陈彦光 等，2005）。鉴于近几十年来上海的非农人口占比和建成区扩张一直保持稳定增长的态势（图 3-2），综合考虑其生产力发展、经济水平、社会结构、生活方式等诸多城市化的相关因素，以及中国整体的城市化进程和上海新一轮总体规划对于人口和城市建设用地的严格控制预期[8]，本研究仍将上海置于从诺瑟姆理论第二阶段（加速阶段）后期的缓速发展向最终阶段过渡的进程中。

第二次世界大战结束后，美国进入诺瑟姆第三阶段——最终阶段（王建军 等，2009），而洛杉矶的这一跨越过程稍有滞后，并具有与郊区化同步发展的鲜明特征。从建市之初的"35 英亩（约合 14.16 公顷）地块"发展到现今国际化的洛杉矶大都市区，城市交通对洛杉矶城市化和郊区化的推进起了关键作用（表 3-1。陈雪明，2004）。参照城市人口和面积增长变缓的时间节点（图 3-3），洛杉矶城市化进程的诺瑟姆三阶段划分应以 19 世纪 80 年代和 20 世纪 70 年代

7　美国的地区 GDP 采用统一核算制度，由隶属于商务部的经济分析局负责，只针对州和大都市区两大层级的 GDP 核算。

8　上海市城市总体规划编制工作小组办公室在 2015 年 12 月发布的《上海市城市总体规划（2015—2040）纲要概要》中提出，上海未来建设用地将只减不增，总量要控制在 3200 平方千米以内（2014 年已达 3100 平方千米）；严格控制人口规模，力争 2020 年常住人口控制在 2500 万人左右（2014 年为 2425 万人），并作为 2040 年常住人口规模的动态调控目标。2018 年 1 月，上海市人民政府发布审批通过的《上海市城市总体规划（2017—2035 年）》，明确到 2035 年，常住人口规模为 2500 万人左右、建设用地总规模 3200 平方千米是纳入紧约束下睿智发展的核心指标。

为界（Creason，2010；宋迎昌，2004）：19 世纪 80 年代前为初始阶段，以单中心的房地产开发和公共设施建设为特征；19 世纪 80 年代至 20 世纪 70 年代初为加速发展阶段，因快速的交通、人口和经济发展导致建成区不断扩张、蔓延，最终形成以小汽车交通为主导的、由 5 个县 100 多个城市彼此连接而成的同核城市群；20 世纪 70 年代以来为最终阶段，因经济的衰退、转型导致城市建设基本停滞，但其地域、环境和气候等因素仍吸引着外来人口的迁入。进一步细究洛杉矶阶段性发展特征则发现，其加速发展阶段可以 20 世纪 30 年代为界划分为前后两期：前期因人口和社会经济的发展表现为城市面积的迅速扩张，而后期则是因汽车文化的兴起导致郊区化发展、居住和工业功能扩散、中心城区用地不断被置换、城市空间结构从集中走向分散，进而形成多中心城市空间结构的转型发展过程。此外，自 20 世纪末，为应对郊区化发展的瓶颈及其导致的一系列

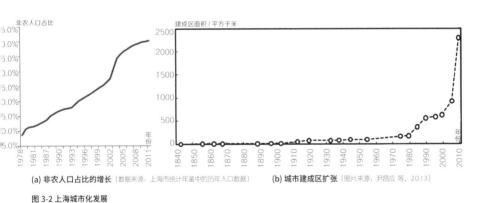

(a) 非农人口占比的增长（数据来源：上海市统计年鉴中的历年人口数据）　　(b) 城市建成区扩张（图片来源：尹昌应 等，2013）

图 3-2 上海城市化发展

表 3-1 洛杉矶城市交通发展阶段（根据：陈雪明，2004）

年份	交通和城市发展特征
1781—1878 年	马车和步行，城市范围小
1878—1920 年	铁路和有轨电车，城市范围沿线扩展
1920—1950 年	汽车，城市范围开始向全方位扩展
1950—1970 年	高速公路建设和汽车文化的兴起
1970 —	交通和环保结合，高科技应用和郊区化速度加快

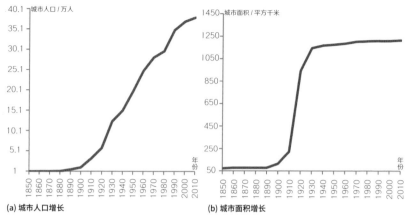

(a) 城市人口增长　　　　　　　　　　(b) 城市面积增长

图 3-3 洛杉矶城市化发展（数据来源：陈雪明，2004；美国人口普查局，2010）

城市病，洛杉矶开始通过社区重建、环境恢复、公交建设、经济复兴等政策寻求城市的可持续发展，从而进入以城市改良发展为特色的"精明增长"阶段。目前，改良的发展战略已经初见成效，美国学术界从视洛杉矶为一个城市蔓延、发展失控的反面例证转而视其为未来城市发展的样板，甚至出现了"洛杉矶学派"，向1925 年以来一直支配城市研究的"芝加哥学派"发起挑战（王旭，2001）。

1.3 机动化发展阶段

虽然按照城市居民家庭的人均可支配收入，上海在 2013 年已进入机动化水平差异化发展阶段，但是由于长期实行总量控制政策，根据上海市统计年鉴，2014 年上海私车保有量为 76 辆 / 千人，低于全国 90 辆 / 千人的水平。

洛杉矶的私车保有量未有确切的统计数据。根据洛杉矶年鉴，2008 年洛杉矶的千人私车保有量大约为 520 辆，低于世界银行 2011 年的全美数据[9]。加利福尼亚大学洛杉矶分校迈克·曼维尔（Mike Manville）和唐纳德·舒普（Donald Shoup）教授在 2010 年底完成的一项研究表明，洛杉矶大都市区的人均私车保有量是 0.54，明显呈现郊区保有量大于市区的特征（图 3-4），而影响其保有量

9　根据世界银行 2011 年的数据，美国的千人私车保有量为 786 辆，位居世界前列。

图 3-4 洛杉矶大都市区人均私车保有量分布（数据来源：美国人口普查局的 2010 年 TIGER 数据；2010 年
美国社区调查数据）

分布差别的主要原因是收入差距（Newton，2010）。另有研究表明，该市的无车家庭占比在 2007—2012 年间增加了 0.8%（Sivak，2014）。因此，从总体上看，洛杉矶的机动化发展与美国其他城市一样，开始呈现下降趋势 [10]。

上海 - 洛杉矶的千人私车保有量虽然都低于各自国家的全国水平，但前者可能存在统计不全的问题 [11]，而后者则是近年来城市交通改良发展的结果 [12]。

10　受 2008 年经济危机的影响，美国城市的轻型私车保有总量在 2008 年暂时达到了一个峰值。从人均私车保有量、行驶距离和油耗等情况进行综合判断，美国城市的机动化水平在 2001—2006 年间达到顶峰，2008 年之后开始呈现下降的趋势（Sivak，2013）。

11　由于长期实行沪牌限量增长的政策，沪牌车辆总数得以控制，但上海因此存在大量常年在沪使用的外牌车辆未纳入统计的情况。此外，有研究表明，上海的交通化石能源间接生态足迹在全国的典型特大城市中位居前列（王中航，2015）。

12　由于城市发展过于依赖小汽车交通，2006 年，洛杉矶全市的机动车排放量已占总碳排放量的 50%。为了在 2030 年前削减 35% 的碳排放量，全市制定并推行了一系列新的发展战略，完善社区公园体系以提升居民就近步行游憩的比例就是其中之一（Villaraigosa，2007）。

2. 上海 - 洛杉矶的社会经济分层状况

整体衡量，上海 - 洛杉矶的社会经济发展阶段具有顺接对比性。由于两地都具有鲜明的社会分层特征，不同的阶层群体由于占有资源、收入水平、行为模式、价值取向存在明显差异，从而呈现出更为丰富的发展状况，形成了相对于整体阶段更为宽泛的发展水平区间。从社会学角度看，社会变迁的外在表现是经济发展、城乡面貌更新，意义更深远的内在变化是人的社会关系、生活方式、生活目标、生活观念的改变，而其核心则是社会分层结构的变迁（李强，2008）。

社会分层是以一定的标准区分出来的社会集团及其成员在社会体系中形成地位层次结构、社会等级秩序的现象。经济、职业、权力、受教育程度、社会声望等因素都可以成为分层的标准。因经济因素对出行方式的直接影响较大（Pitombo et al.，2011），故本研究重点考察了上海 - 洛杉矶的社会经济分层。两地均具有社会经济分层多样化、空间分异显著的特征。

2.1 上海的社会经济分层状况

改革开放前后，中国社会分层从政治分层向经济分层转变（李强，1997）。公共权力与市场的合力催生了社会的日益分化，而收入是反映人们生活机遇最重要的两大指标之一，并且对阶层地位表现出高度的统计显著性。各阶层的收入差异十分显著（刘欣，2007）。以 2008 年上海大学社会学系"中国家庭动态调查（CFPS：上海）"数据（调查家庭数为 800 户，成人 1770 人，其中从业者 938 人）为基础的抽样调查表明，上海的社会经济阶层结构为类"金字塔形"（图 3-5），落后于经济现代化发展水平，比较接近美国 20 世纪 30 ～ 50 年代的形态（仇立平，2010）。

中国的人口普查缺少经济收入数据，因此在对社会分层的具体研究中，学术界通常采用一种可操作的方法，即以职业结构表示社会阶层结构（仇立平，2010）。由于从事的职业及其所属的行业、文化程度等因素与人口的社会经济地位有密切关系，以职业作为划分社会阶层的依据具有一定的合理性（陆学艺，2002）。以该方法进行的相关研究表明，上海中心城区的社会阶层在城市空间上呈聚居性分布，其中社会阶层较高的人群主要分布在西南和正北两个扇面，包

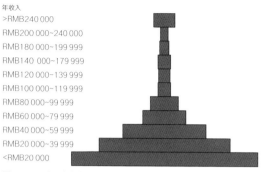

年收入
>RMB240 000
RMB200 000~240 000
RMB180 000~199 999
RMB140 000~179 999
RMB120 000~139 999
RMB100 000~119 999
RMB80 000~99 999
RMB60 000~79 999
RMB40 000~59 999
RMB20 000~39 999
<RMB20 000

图 3-5 2008 年上海家庭收入分层结构（图片来源：仇立平，2010）

括徐汇、长宁、杨浦区中专业技术人员和国家机关、企事业单位负责人比重较高的部分街道，而社会阶层较低的人群主要分布在旧城区和城市边缘区，其人口受教育程度低，从事生产、运输设备操作的人员比重高（宣国富 等，2006）。

2.2 洛杉矶的社会经济分层状况

洛杉矶是著名的移民城市。进入 21 世纪后，洛杉矶地区仍然是纽约之外美国最主要的移民中心，而且拥有最广泛的人群类型（Gans，1999）。由于历史原因，社会经济分层具有显著的种族区分，并且不同种族在洛杉矶呈聚居性分布（图 3-6）。亚裔、非裔和拉美裔经济收入较低（Wolch et al.，2002），是洛杉矶外来人口的主要组成部分。

根据美国统计局发布的 2010 年美国各城市家庭收入统计数据，洛杉矶的社会经济阶层结构（图 3-7）整体上体现了美国"洋葱头式"的社会结构特征[13]。然而，由于大量低收入移民群体的存在，洛杉矶的低收入阶层比重明显高于美国其他特大城市。

---

13   在现代工业社会，欧美先发国家由于新中产阶级不断壮大，导致社会结构发生了重大变化。美国是世界上"第一个中产阶级的社会"，从建国之日起，其社会结构就开始呈现出中间大、两端小的"洋葱头式"的形态，到 20 世纪后期，中产阶级的人数占美国人口总数的 70% ~ 80%（石庆环，2010）。

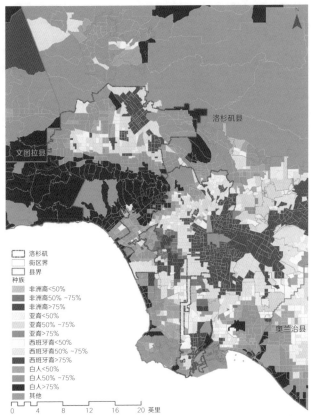

洛杉矶县

文图拉县

奥兰治县

洛杉矶
街区界
县界
种族
非洲裔<50%
非洲裔50%~75%
非洲裔>75%
亚裔<50%
亚裔50%~75%
亚裔>75%
西班牙裔<50%
西班牙裔50%~75%
西班牙裔>75%
白人<50%
白人50%~75%
白人>75%
其他

0   4   8   12   16   20 英里

图 3-6 洛杉矶种族聚居区分布（数据来源：美国人口普查局的 2010 年 TIGER 数据和人口数据）

年收入
>USD200 000
USD150 000~200 000
USD125 000~149 999
USD100 000~124 999
USD75 000~99 999
USD50 000~74 999
USD35 000~49 999
USD25 000~34 999
USD15 000~24 999
<USD15 000

图 3-7 2010 年洛杉矶家庭收入分层结构（数据来源：美国人口普查局，2010）

3. 上海 - 洛杉矶的社会经济阶层收入水平比较

针对居民收入差距，美国以个人所得税为主体税种调节个人收入分配，中国也正在发展、健全个人所得税制，以发挥其收入调节的作用（欧阳煌，2012）。因此，两国的累进税率级别可作为衡量上海 - 洛杉矶居民收入分层的重要参照。表 3-2 和表 3-3 分别是两个案例城市调研年度的个人所得税累进级别。

由于跨国、异地的收入水平难以直接比较，常见的解决方案包括将绝对收入折算成相对比重进行结构性比较（刘扬 等，2013）、两地各自的分析结果比较（Wang et al.，2015）、综合消费情况针对个案进行收入盈余比较（陆丰刚，2013），以及将绝对收入按汇率折算后进行比较（Hoffmann et al.，2016）等。

表 3-2 2014 年中国个人所得税累进级别（2011 年修订版）

税率	收入上限（元 / 月）	收入上限（元 / 年）
免税	3500	42 000
3%	5000	60 000
10%	8000	96 000
20%	12 500	150 000
25%	38 500	462 000
30%	58 500	702 000
35%	83 500	1 002 000
45%	以上	以上

表 3-3 2011 年美国个人所得税累进级别

税率	收入上限（美元 / 年）
免税	5800
10%	14 300
15%	40 300
25%	89 400
28%	180 200
33%	384 950
35%	以上

其中，汇率折算法可直观地以调研获得的绝对收入比较两地的收入水平。通过货币比价是进行国家间经济比较的通常做法（李济广，2008），而中美两国的居民收入和经济增长从总体上看都具有一定程度的协调增长特征[14]，因此货币比价对于比较上海 - 洛杉矶居民的实际收入是适用的。

折算汇率多采用各国的购买力平价汇率 (PPP)。PPP 虽然考虑了各国物价的结构和水平、各国货币购买力的差异，理论上可以对汇率扭曲产生的误差进行调整，但在实际应用时由于受到诸多客观条件的限制，推算结果往往会高估发展中国家，尤其是中国的经济水平。市场汇率[15]反映的是本国货币在国际市场上的购买力，更能反映一国经济的国际竞争力（林兆木，2015）。表 3-4 是将洛杉矶调研年度——2011 年的美国个人所得税报税收入级别（美元），分别以世界银行公布的 PPP 和官方汇率换算成上海调研年度——2014 年的收入级别（RMB元），换算时以世界银行的两国消费者价格指数（基期 2010 年该指数为 100）消除调研年份的通胀影响。考虑两国经济和民众收入的客观差距，本研究采信了以市场汇率折算的分级结果。

根据 2011 年修正《中华人民共和国个人所得税法》时的测算，3% 和10% 两档低税率旨在覆盖中国的中等收入阶层，适用于 80% 以上月收入5000 ～ 10 000 元的纳税人。年收入 4 万元（加"三险一金"，约为 5 万元）以

14　经济增长是居民收入增长的必要条件而非充分条件，即并非每个国家的居民收入都能实现与国民经济的协调增长。然而，对美国居民收入与国民经济协调增长路径的研究分析表明，其居民收入增长与国民经济增长长期保持同步。中国自改革开放以来，居民收入虽然长期滞后于国民经济增长，但从 2008 年之后，为了应对发展转型的挑战，政府先后提出了建设和谐社会、科学发展观等治国理念，更加注重切实保障改革和发展所创造的社会财富为国人所共享，明确提出要逐步提高居民收入在国民收入分配中的比重，提高劳动报酬在初次分配中的比重，并在"十二五规划"中提出了一系列具体措施并逐步予以实施。居民收入与国民经济开始出现协调增长的态势（欧阳煌，2012）。根据《中华人民共和国 2016 年国民经济和社会发展统计公报》，2016 年全年全国居民人均可支配收入比上年增长 8.4%，高于全年人均国内生产总值较上年的增长率（6.1%）。

15　市场汇率是指在自由外汇市场上买卖外汇的实际汇率。一般会参照国家货币金融管理机构，如中央银行或外汇管理当局所公布的官方汇率，以其为中心汇率在一定范围内浮动。各国货币金融管理当局对市场汇率的动态并不采取完全放任的政策，会利用各种手段进行干预，使之不会过于偏离官方汇率。

表 3-4 2011 年美国个人所得税报税收入级别换算

2011 年 美 国 个 人 所 得 税 累进级别		相当于 2010 年 美元（美元/年）	按 PPP 换算		按世界银行的官方汇率换算	
税率	收入上限（美元/年）		相当于 2010 年 人民币（元/年）	相当于 2014 年 人民币（元/年）	相当于 2010 年 人民币（元/年）	相当于 2014 年 人民币（元/年）
免税	5800	5622	18 603	21 367	38 061	43 716
10%	14 300	13 862	45 869	52 684	93 846	107 790
15%	40 300	39 067	129 273	148 480	264 484	303 781
25%	89 400	86 664	286 771	329 379	586 715	673 889
28%	180 200	174 685	578 033	663 917	1 182 617	1 358 330
33%	384 950	373 169	1 234 816	1 418 285	2 526 354	2 901 720
35%	以上	以上	以上	以上	以上	以上
——	——	——	——	——	——	——

内的免税工薪阶层为低收入者，而月收入超过 1 万元、适用税率 20% 以上的为高收入者（即年收入 12 万元，规定需自行申报，去除"三险一金"，约为 10 万元）。第二次世界大战后，美国许多官方和非官方资料通常把年收入在 3 万～ 10 万美元的人群界定为中产阶级（石庆环，2010），大致针对适用税率 15% ～ 25% 的人群（按照 2014 年人民币换算值，相当于年收入在 30 万～ 70 万元的人群）。因此，为了便于进行两地不同收入人群之间的比较研究，并探求美国高收入人群的意向供中国未来发展借鉴，本研究最终取整 4 万、10 万、30 万、70 万、140 万和 300 万（RMB 元）作为两地各社会经济阶层进行收入水平比较的分级依据，并作为两地调研收入分层的区分标准（表 3-5）。

中等收入阶层是现代社会结构的主体，其产生和壮大是基于经济结构和经济水平的发展，也是一个现代化国家在经济发展之外的社会稳定基础（胡必成 等，2003）。因此，从统计意义上讲，中等收入阶层的生活质量和收入水平可反映其所在社会的整体社会经济发展水平。表 3-5 中，指征上海中等收入阶层的分层（年收入 4 万～ 10 万元）与指征洛杉矶中等收入阶层的分层（年收入 30 万～ 70 万元）相邻，可反映两地顺接的社会经济发展阶段，因而具有合理性。

表 3-5 研究采用的个人收入分层与中美两国个人所得税报税收入级别的大致对应关系

研究采用的个人收入分层（人民币，万元/年）	2014年中国个人所得税累进级别（2011年修订版）		2011年美国个人所得税累进级别	
	税率区间	收入区间（元/年）	税率级别	收入上限（美元/年）
4	免税	42 000	免税	5800
10	3% ~ 10%	60 000 ~ 96 000	10%	14 300
30	20% ~ 25%	150 000 ~ 462 000	15%	40 300
70	30% ~ 35%	702 000 ~ 1 002 000	25%	89 400
140	45% 及以上	1 002 000 及以上	28%	180 200
300	—	—	33%	384 950
以上			35%	以上

从洛杉矶格里菲斯天文台（Griffith Observatory）远眺市中心

上海五角场街道

南眺上海杨浦滨江段

休闲经济将是 21 世纪的主导经济（Molitor，1999）。城市人口的日常休闲游憩是其文化消费的重要组成部分，也是休闲经济的重要发展支撑。中国 2008 年人均 GDP 为 3432.856 美元，参照人均 GDP 达到 3000 美元时旅游需求开始向休闲游跨越的国际通行标准，已经开始进入休闲经济时代。根据英美等先发国家的经验，户外游憩将随之大幅增长（吴承忠，2009）。

公园是城市人口日常户外游憩的主要去处，因而提升公园游憩人口的低碳出行到访比例，对于一个城市的低碳游憩行发展非常重要。近几十年来，中国城市路网密度下降，机动化、城市公园建设郊野化和人口郊区化等因素都导致公园游憩的低碳出行率下降。

由于上海 - 洛杉矶一直以来在社会经济和城市公园体系方面的发展差异，上海公园游憩出行方式以步行为主，洛杉矶则以自驾为主。然而，值得关注的是，自驾出行已成为上海公园游憩出行位居第三的方式，有必要细察其增长趋势，并及时进行疏导和干预。

上海 共青森林公园

城市公园游憩出行

上海世纪公园

1. 城市公园及其可达性

城市公园是城市中以绿地景观为主的形式向公众开放的公共空间，对健全城市生态环境、促进城市居民的身心健康、建设和谐的可持续社会具有重要意义。最初，随着西方资本主义社会制度的诞生，新兴资产阶级没收了封建领主及皇室的财产，把大大小小的宫苑和私园向公众开放，并统称为"公园"。现代意义上的"城市公园"起源于美国，是继1858年纽约建设中央公园之后，由全美各大城市兴起的公园建设运动推动起来的。世界各国学者对城市公园概念的界定主要包括以下几个方面：① 城市公园是城市公共绿地的一种类型；② 城市公园的主要服务对象是城市居民，但随着城市旅游的开展，城市公园也会服务于城市的旅游者；③ 城市公园的主要功能是休闲、游憩、娱乐，而随着城市自身的发展及市民、旅游者外在需求的拉动，其主要功能不断增强。据此业已成为基本共识的是：城市公园是一种与公众身心健康和福祉密切相关的公共服务资源，在分配中应当体现出公平原则。

与城市公园游憩出行密切相关的一个概念是公园的"可达性"。可达性是一个灵活的概念，对不同应用领域、不同研究对象有不同的理解和表述（刘常富等，2010）。广为接受的是交通研究领域对可达性的定义，即"采用特定交通方式到达某一用地的便利程度"（Dalvi et al.，1976）。对于城市公园而言，传统的可达性定义首先是从地理空间的角度强调公园的就近可达，即公园位置应实现交通距离的最小化（Nicholls，2001）。基于这一距离可达的考虑，大量的公园研究、规划、建设实践都先设置一个标准距离（即公园的"服务半径"），以其划定的公园周边区域为公园的"服务范围"，进而通过考察公园服务范围的有效覆盖情况，或是范围内居住人口的多少来衡量公园的可达性水平。

然而，拥有近距离的公园并不意味着居民会实际使用该公园（Ries et al.，2009），真实而准确的公园可达性必须建立在居民对公园的使用意愿之上。在实际的空间距离之外，受外部环境因素的综合影响，个人对公园品质（大小、景观、设施等）、出行距离、社区环境（道路条件、安全性等）的主观感知，会直接影响其对公园的使用意愿，进而影响公园的可达性水平（Park，2017）。另外，使用者到访公园所采用的交通方式会受到其经济条件、出行偏好和交通文化等的影响，进而也会影响公园的可达性水平。因此，基于理性行为理论[16]和技术接受模型[17]，遵循"外部影响—感知—意向—行为反应"的路径，公园可达性的作用架构（图4-1）极为复杂。在这一作用架构中，公园的游憩出行是基于公园的可达性状况以及与公园使用相伴而生的行为和意愿。

正因为城市公园的可达性与公园使用和游憩出行方式密切相关，其对居民身体健康和心理福祉的正面影响已得到广泛证实。大量研究发现，公园的空间分布在城市不同区域内存在较大差异：在一些国家和地区，低社会经济水平的居民绿地可达性相较其他会更低（屠星月 等，2019）。因此，提升城市公园的可达性成为提高城市中公共服务资源公平性的一个重要举措（UNFPA，2007）。

尽管在距离因素之外，环境感知、交通方式以及与之相应的个人和社会经济因素都会对公园的实际可达性水平产生影响，但从供给侧出发，优化公园的空间布局、增加城市中的公园数量及其分布的均衡性，从而有效减少使用者到访公园的空间出行距离，仍然是提升城市公园可达性的直接方法。由于单个公园的功能、大小、使用人群存在差异，为保证各种公园都具有良好的使用率和可达性，目前各国的"公园服务半径"标准通常按照城市公园的类型区分设置，以便于分

16　理性行为理论（Theory of Reasoned Action，TRA）认为，个体执行某项行为是由其行为意向决定的，而行为意向则是由个体对所要执行的行为的态度和主观规范共同决定的（图4-2）（Fishbein et al.，1975）。

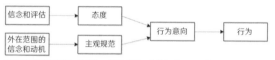

图4-2 理性行为理论（TRA）（图片来源：陈传红 等，2018）

17　技术接受模型（Techology Acceptance Model，TAM）基于理性行为理论的"信念—态度—行为意向"路径，将"信念"构念具体化为感知有用性与感知易用性，并删除了对行为意向和实际行为预测较弱的态度变量发展而来的（图4-3）（Davis et al.，1996）。

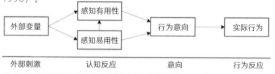

图4-3 技术接受模型（TAM）（图片来源：陈传红 等，2018）

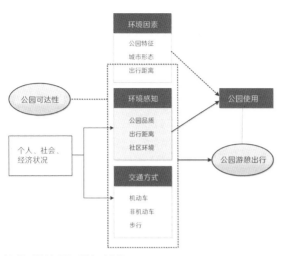

图 4-1 基于实际使用的城市公园可达性研究架构

表 4-1 美国国家休闲与公园协会（National Recreation and Park Association，简称 NRPA）制定的各类公园的服务半径规划标准（根据：Lancaster，1983）

公园类型		面积标准		服务半径	
		英制	公制	英制	公制
社区公园	袖珍公园（Mini-Park）	0.25 ~ 0.5 英亩 / 千人（单个面积 ≤ 1 英亩）	0.1 ~ 0.2 公顷 / 千人（单个面积 ≤ 0.4 公顷）	< 1/4 英里	400 米
	邻里公园 / 操场公园（Neighborhood Park/Playground）	1 ~ 2 英亩 / 千人（单个面积 ≥ 15 英亩）	0.4 ~ 0.8 公顷 / 千人（单个面积 ≥ 6 公顷）	1/4 ~ 1/2 英里	400 ~ 800 米
	居住区公园（Community Park）	5 ~ 8 英亩 / 千人（单个面积 ≥ 25 英亩）	2 ~ 3 公顷 / 千人（单个面积 ≥ 10 公顷）	1 ~ 2 英里	1600 ~ 3200 米
区域公园	区域 / 城市公园（Regional/Metropolitan Park）	5 ~ 10 英亩 / 千人（单个面积 ≥ 200 英亩）	2 ~ 4 公顷 / 千人（单个面积 ≥ 80 公顷）	1 小时驾驶距离	—
	区域公园保护区（Regional Park Reserve）	不等（单个面积 ≥ 1000 英亩）	不等（单个面积 ≥ 400 公顷）	1 小时驾驶距离	—

类评价、导控城市公园的服务范围覆盖情况。如表 4-1 是 20 世纪 80 年代美国制定的相关标准，图 4-4 是洛杉矶各类社区公园按标准评价的服务范围覆盖情况。由于当前设定的分类距离标准均未区分公园所在城市及其周边社区居民实际使用和出行需求的差异，其中隐含的供需不匹配的弊端在这些标准制定之初就令标准研制人员有所担忧（Lancaster，1983）。

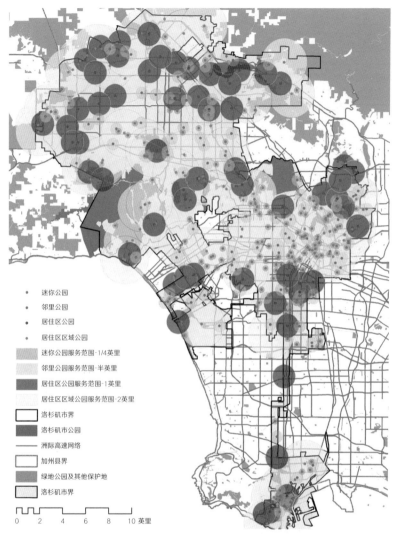

图例:

- 迷你公园
- 邻里公园
- 居住区公园
- 居住区区域公园

迷你公园服务范围-1/4英里

邻里公园服务范围-半英里

居住区公园服务范围-1英里

居住区区域公园服务范围-2英里

洛杉矶市界

洛杉矶市公园

洲际高速网络

加州县界

绿地公园及其他保护地

洛杉矶市界

0 2 4 6 8 10 英里

图 4-4 洛杉矶各类社区公园服务范围覆盖图（数据来源：加州地理空间资讯入口网站 2022 年洛杉矶县企业级地理信息系统）

2. 社区公园体系建设及其服务于步行到访的意义

城市公园的分类多样且复杂，因分类标准不同而不同[18]。若针对公园的服务功能和交通可达性，以服务范围为分类标准，各类公园基本可纳入区域公园和社区公园的二分类型进行考察。这两类公园的服务距离和功能要求截然不同，数量迥异，在城市公园体系中占据的地位也有所不同。其中，社区公园一般规模较小，建设周期较短，数量多而分布广，因而就近可达，是最为贴近城市居民日常生活的公园绿地，有助于居民产生社区归属感（Kazmierczak，2013），并与居民的生活品质提升密切相关（Plane et al.，2013）。服务于社区居民的日常游憩是社区公园区别于其他类型公园的核心价值。随着经济增长和生活水平的提高，人们短时闲暇时间增长，就近游憩的需求将日益凸显（Walls，2009）。因此，社区公园在城市公园体系中的重要性日趋显著。

从公园使用的角度而言，城市公园的可达性，尤其是出行距离，与步行到访率高度相关（Giles-Corti et al.，2005）。对上海公园的前期初步调研表明，步行对于提升公园游憩低碳出行率至关重要（骆天庆 等，2011）；然而，适宜步行的距离意味着更小的公园服务半径标准以及更多、更密的公园分布。现代城市发展普遍受制于日益紧缺的建设用地和资金，难以增加公园的分布和总量（Park，2017），致使公园系统建设并不能严格履行既定的距离标准。以美国为例，各

18　在美国，因土地和管理权属的差别，可分为国家公园、州立公园以及县、市、其他组织或个人所有但向公众开放的公园和开放空间；因游憩活动的差异，可分为积极型公园（Active Park，以体育活动为主）和消极型公园（Passive Park，以野餐、散步等休闲活动为主）；因使用群体和服务的细分，可分为公园（Park，提供较为综合的设施，满足多种游憩使用）、游憩中心（Recreation Center，提供室内运动场馆，配备专人规范化管理，可满足社区居民的日常游憩活动并提供各种培训项目）、操场公园（仅提供室外运动场地供社区居民日常游憩使用）、袖珍公园（Pocket Park，提供儿童游戏/野餐桌等供社区居民日常游憩的小型公园）、遛狗公园（Dog Park）；因服务范围的差异，可分为区域公园、社区公园等。在中国，根据 2018 年 6 月 1 日开始实施的《城市绿地分类标准（CJJ/T 85—2017）》，城市公园可分为综合公园、社区公园、专类公园和游园等 4 类。其中，综合公园规模较大（宜大于 10 公顷），活动内容丰富，服务设施完善，与儿童公园、动物园、植物园等专类公园一起，通常是区域性使用的公园；社区公园是为一定范围内的社区居民就近开展日常的休闲活动服务，具有基本的游憩和服务设施，用地独立，规模有限（宜大于 1 公顷）；游园是规模较小或形状多样，方便居民就近进入，具有一定游憩功能的绿地，也可纳入社区性使用的公园。

个城市之间公园可达性水平差距相当大。因此，利用社区内小块建设用地兴建具备基本游憩服务设施的微小型社区公园，成为有效的解决途径 (Wolch et al., 2014)。作为提升公园步行可达性的建设类型，社区公园因其就近服务的特征通常拥有较多的步行到访使用者，且公园数量较多，是研究公园步行到访的理想类型。事实上，在不同的国家和城市，社区公园的服务半径标准也基本是参照适宜步行的距离设定的，通常是 400 ～ 800 米。为了保证城市公园的步行到访率，中国更是将步行距离标准推行到了区域公园。在 2010 年制定的《城市园林绿化评价标准》（GB／T 50563—2010）中，明确提出公园绿地的布局应尽可能实现居住用地范围内 500 米服务半径的全覆盖，即当前中国各个城市的公园绿地建设基本以"500 米见绿"为导向。

基于步行适宜距离的社区公园服务半径标准目前尚未考虑其所服务社区的阶层及其需求差异。由于社区公园直接服务于本社区的居民，相较于服务多个社区乃至全市居民的区域公园，其因采用"一刀切"服务半径标准所产生的供需不匹配的弊端则更为显著。因此，参照公园可达性的作用架构，从个人、社会和经济状况出发，针对游憩出行方式和感知距离进行分层意向研究，可探察切合不同社区客观需求的分层意愿，作为社区公园服务半径标准的细化参照，这将有助于合理有效地提升城市公园的步行可达水平。

洛杉矶的机动化水平较高，社区公园与区域公园的服务半径标准设置明显不同。社区公园中步行使用者较为集中，便于进行针对性调研取样。洛杉矶公园的可达性水平在美国相对较低，在不同收入水平的社区之间，公园的可达性水平差异也较为显著（Sister et al., 2010），市民的使用体验较为多样化。鉴于游憩参与度可显著影响游憩满意度，游憩满意度与游憩动机高度相关（Chen et al., 2013），在对公园使用者的调研中，多样化的使用体验有助于更为准确地探察到高机动化水平下城市居民的步行出行意愿。中国公园的 500 米服务半径标准与美国社区公园的服务半径标准量级相当，为了使对上海的调研针对同样的公园类型以避免情境差异的影响，在研析上海 - 洛杉矶区域公园与社区公园游憩出行方式基本构成特征的基础上，本书重点聚焦步行到访方式，并通过社区公园调研探求使用者的分层意愿。

上海城市公园体系及公园游憩出行特征

1. 上海城市公园体系

1.1 建设过程和空间分布

表 5-1 是根据文献综述研究得到的上海城市公园绿地建设阶段和阶段性发展特征。以中心城区为样本的研究在很大程度上可反映上海整体的公园绿地建设发展状况，而中心城区注重小型公园建设的特征有利于使研究获得更多的宜于步行到访的社区公园样本。

表 5-1 上海公园绿地建设阶段和阶段性发展特征

建设年代	阶段性发展特征
1994 年前	长期缓慢增长，"见缝插绿"
1995—1999 年	在中心城区通过用地置换增强小型公园的均布性，同时营建一定规模的核心绿地
2000 年—	"规划建绿"，公园绿地全面、快速发展。其中，中心城区以数量增长为主，外围区县以面积增长为主，旨在形成多类别、多层次、多功能、规模不等的公园绿地完善体系

在过去的 20 年中，上海的建成区呈现不断加速的扩张态势（Han et al., 2009），城市化水平持续提高。随着快速的城市扩张和用地格局变化，上海在 1994 年和 2002 年先后进行了两次城市绿地系统规划，引导绿地布局结构的系统化、网络化发展（张浪 等，2009），使公园绿地达到前所未有的发展高潮。对上海公园发展动态和分布格局的研究表明，1995—1999 年，公园的数量和面积明显增加，少量大型公园建设受到重视，分布较之前更加均匀，但外围新城区的公园建设还相对滞后（张庆费 等，2001）。1999 年之后，通过以街道为单位的中小型社区公园建设、中心城区以区为单位的大型公园绿地建设、郊区"一镇一园"建设以及营建大面积人造森林的活动，上海公园绿地全面进入"规划建绿"的快速发展阶段（张式煜，2002）。近年来，由上海人民政府批复的《上海市基本生态网络规划》（2012 年）提出大力建设郊野公园（李轶伦 等，2015），由市绿化和市容管理局编写的《上海市城市公园实施分类分级管理指导意见（试行）》（征求意见稿，2015 年）确定了社区公园管理类型，并提出建设 117 座社区公园的设想 [19]（吴成 等，2016），上海的公园体系将呈现多类别、多层次、

---

19 "十三五"规划期间上海市公园数量将达到 300 座，具体分为综合公园、社区公园、专类公园、历史名园四大类。其中，社区公园将占公园总量的 1/3 以上。

多功能、规模不等的大好局面，城市公园管理区别对待、分类指导的专业体系也在逐步完善。据此，为应和阶段性发展特征，本研究将上海的公园绿地建设发展过程划分为 1994 年前、1995—1999 年和 2000 年后三个阶段。图 5-1 是前期预研时对截至 2009 年上海中心城区和外围区县内共 145 个公园绿地建设面积和数量的分阶段统计结果。可以发现，1994 年以来，中心城区和外围区县的公园绿地面积和数量均有所增加，但主要的数量增量发生在中心城区，而最主要的面积增量则发生在 2000 年之后的外围区县。比对公园绿地面积和数量的增长情况，1995—1999 年，主要是中心城区通过增加公园数量提升绿地面积；2000 年之后，则以外围区县大面积绿地建设为主要特征，中心城区也通过集中的用地置换建成了一些面积较大的核心绿地。

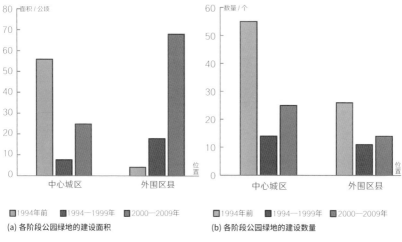

图 5-1 上海公园绿地的阶段性发展状况（数据来源：上海市绿化和市容管理局的 2009 年度统计报表）

借助城市化进程增加小型公园的均布性，在外围新建区域配置较大规模公园绿地的发展模式在上海中心城区同样有所体现。对比图 5-2(a) 的公园绿地增量统计和图 5-2(b)、图 5-2(c) 的阶段性新增公园绿地分布状况可以发现，中心城区小型公园数量的增长和均布性的提高都较为显著，而 2000 年之后，由于在内外环间的新建或改建区域建设了一些较大规模的公园，使得公园绿地的面积显著增加。

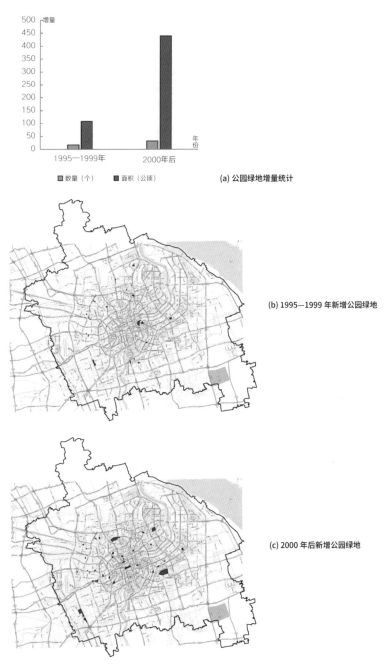

(a) 公园绿地增量统计

▨ 数量（个） ▓ 面积（公顷）

(b) 1995—1999 年新增公园绿地

(c) 2000 年后新增公园绿地

图 5-2 上海中心城区公园绿地的阶段性发展状况（数据来源：上海市绿化和市容管理局 2009 年度统计报表）

1.2 管理体系

尽管社区公园是城市公园体系中的重要类型，2002 年建设部颁布的《城市绿地分类标准》（CJJ/T 85—2002）中也纳入了"社区公园"这一分类，但在长期的实践操作和学术研究中，中国城市绿地建设管理普遍存在对社区公园认识不足的现象，大多数城市未明确区分社区公园（廖远涛 等，2010）。例如 2015 年前，《上海市园林绿化分类分级标准》将公园分为综合性公园、植物园、动物园、森林公园、儿童公园、文物性公园、纪念性陵园等类型，上海市绿化和市容管理局对公园的管理分类也一直缺失"社区公园"。

近年来，随着上海不断推进转型发展[20]，学术界日益关注对社区公园的研究（图 5-3），管理部门也开始研制改进公园建设和管理分类。2015 年，上海市绿化和市容管理局编写了《上海市城市公园实施分类分级管理指导意见（试行）》（征求意见稿），确定了社区公园管理类型，并按综合公园、专类公园、历史名园、社区公园四大类对现有的城市公园重新分类。就游憩服务范围而言，前三类都具有市域或区域性服务的特性，因此上海的城市公园可纳入区域公园（非社区公园）和社区公园的二分类型进行考察。

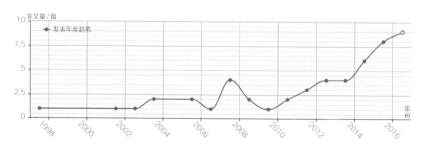

图 5-3 上海社区公园相关研究发表趋势 （数据来源：中国知网）

---

20 《上海市城市总体规划（2015—2040）纲要概要》中明确提出严格管控城市增长，构建集约紧凑的大都市区空间格局，建设步行 15 分钟可达的、适宜的城镇社区生活圈网络。每个社区生活圈至少拥有 1 个面积不小于 1.5 万平方米的公园。

2. 公园游憩出行方式的基本构成特征

针对上海城市公园从市中心区域到外围新建、扩建区域差别显著的建设特征，本研究以人民广场为市中心参照点，并在市中心点至外环绿化带间选取了11 个公园（图 5-4、表 5-2），获得 638 份游憩出行调查问卷。利用这些问卷，对上海公园游憩出行方式的基本构成特征进行考察、分析。

11 个公园在上海均有较高的知名度，距离相近的公园在选择时会重点关注其在面积[21] 和建成时间上的差异（表 5-2），以期增加样本公园及其使用群体的类型全面性。

图 5-4 11 个公园的空间分布

表 5-2 11 个公园的基本信息

名称	广场公园 含延中广场公园卢湾段	复兴公园	静安公园	梦清园	大宁灵石公园	虹桥公园	新虹桥中心花园	世纪公园	黄兴公园	共青森林公园	闵行体育公园
距市中心距离(千米)	0.37	1.45	2.82	4.09	6.01	7.14	7.47	7.56	8.85	12.4	13.88
面积（公顷）	23.7	8.9	3.4	8.6	58.5	1.9	13.0	140.3	39.9	124.7	45.2
建成 / 开园年份	2001	1909	1953	2004	2002	1983	2000	2000	2001	1986	2004

---

21 由于不同类型城市公园服务功能的差异会直接导致各类公园的面积规模有差别，因此城市公园的规范标准通常将公园面积作为公园类型界定的重要条件。

调研主要针对使用者所采用的到访交通方式设问，通过社会学研究中常用的分层随机抽样方法[22]，对在园内活动的本市居民[23]进行分类计数，并按比例抽样完成问卷访谈。由于在各个样本公园调研获得的有效问卷数量不一致，分析时将统计频数均折算成百人规模指数[24]进行比较，以消除样本规模差异的影响。

2.1 公园游憩出行方式总体构成

图 5-5 是对 11 个公园调研后整理得到的游憩出行方式构成。从步行到访者占比达 46.7% 可以看出，步行是上海公园游憩出行的主要方式，辅以自行车和公共交通，共同构成可持续的出行方式。然而，观察其中的非可持续出行方式，自驾出行超过出租车出行，占据主导地位。自驾出行以占比 15.6% 成为位列步行和公交出行之后的第三种主要出行方式。

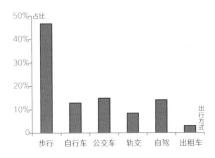

图 5-5 上海公园游憩出行方式构成

22　考虑到公园使用群体的多样性，以及社会属性不同的使用群体在游憩需求和行为特征上也存在差异，针对具有不同游憩行为的使用群体分别进行随机抽样，可以抽取到各类个案，更加具有代表性。

23　在社会学调研中，通常采用全民随机抽样，以实现对总体的充分代表性。本研究没有对全体市民而是对公园使用者进行随机抽样，并非样本选择偏性，而是为了排除无关样本，以提高调研结果的准确性 [类似于盖洛普民意测验（Gallup poll）中排除不投票者，参见 David Freedman, Robert Pisanl, 等. 统计学. 魏宗舒, 施锡铨, 等, 译. 中国统计出版社, 1997: 377]。公园游憩出行是公园使用的伴生行为，而直接影响公园使用的是环境感知因素，感知是在行为后发生的，因此公园使用者能够提供更为确切可靠的游憩出行意愿结果，其对于最终公园布局优化的指导意义是实际有效的。那些没有产生公园游憩行为的人员的意愿表达反而会干扰结果的准确性。然而，这种取样方法的确会遗漏那些目前不使用公园但在步行可达性调整后可能使用公园的人群。取样中某种程度的偏性几乎是不可避免的，并且相较这部分没有出行使用行为、缺乏环境感知经验的人群，既有使用者出行意向中的臆断成分较少，因而更为确切可靠。

24　即将调研获得的游人计数除以 100 后取整，用以反映实际游人规模。

2.2 各类公园游憩出行方式构成差异

参照 2015 年上海市绿化和市容管理局对现有城市公园的重新分类，在 11 个调研样本公园中，虹桥公园、梦清园和新虹桥中心花园被归为社区公园，其余 8 个则为综合公园或专类公园。考虑社区公园具有就近游憩服务的特征，而非社区公园具有更多区域性服务功能，为了探求非社区公园和社区公园游憩出行方式的构成差异，本研究对这两组调研样本公园的游憩到访方式分别进行了统计。由图 5-6 可见，社区公园使用人群的步行到访率远远高于非社区公园，几近后者的两倍。

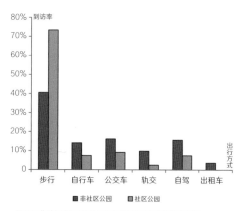

图 5-6 非社区公园和社区公园游憩出行方式的构成差异

2.3 上海公园游憩出行的基本特征分析

上海公园游憩出行的主要方式是步行。这得益于上海一直以来的高密度发展[25] 和较低的机动化水平。

25　城市密度和路网特征等有形要素对居民出行具有直接影响（Chen et al., 2008；潘海啸 等，2009），在宏观尺度上突出表现为对汽车出行的影响（Vance et al., 2007；Vance et al., 2008），在社区尺度上突出表现为对步行出行的影响（Cao et al., 2006；Frank et al., 2007；Miles et al., 2008）。城市道路密度因便于定量考察，作为城市密度和路网特征的主要指征常见于相关研究中。本书采用维基世界地图（Wiki - OpenStreetMap）中洛杉矶和上海的主干道图形数据，对其数字化后，将所有道路在交叉口处打断，对打断后的线段长度进行测算统计。结果表明，上海中心城区的干路交叉口间距中值为 1175.42 米，洛杉矶的干路交叉口间距中值为 1606.26 米。

值得关注的是，自驾作为上海位居第三的公园游憩出行方式，有必要细察其增长趋势，并及时进行疏导干预，以提高公园游憩的可持续出行，尤其是步行出行的占比[26]。

在各类公园中，服务于社区就近游憩的公园，步行到访率明显较高。比对样本公园使用群体出行方式的可持续性（图 5-7）和远距出行率（图 5-8），可以发现，对于虹桥公园、梦清园、黄兴公园和新虹桥中心花园等远距出行率低的公园，其使用者出行方式的可持续性水平较高，从而提示，提高公园的就近使用率有助于提升出行方式的可持续性水平[27]。通过比对分析，在可持续出行方式占比高的公园中，游人多采用步行方式到达（图 5-9）。因此，对于提升出行方式的可持续性，最关键是要提升公园的步行可达性。

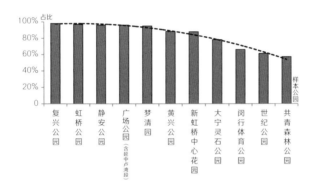

图 5-7 调研样本公园可持续出行方式占比

26　相关研究表明，由于人口总量庞大、私车保有量的快速增长和高出行率，上海的城市交通无论以交通建成地核算直接生态足迹，还是以化石能源消耗核算间接生态足迹，乃至两类生态足迹的总和，均位列中国典型特大城市的第一位。城市交通的生态环境压力逐年增加。必须有效降低自驾出行的次数，优化交通出行结构，才能缓解城市交通的生态环境压力（王中航 等，2015）。

27　复兴公园、静安公园和广场公园（含延中广场公园卢湾段）出行方式的可持续性水平较高，但远距出行率也相对较高，主要是因为这几个公园地处市中心，交通便利。此外，广场公园是上海市中心的标志性公园绿地，而复兴公园和静安公园都是历史悠久的老公园，使用人群分布较广。

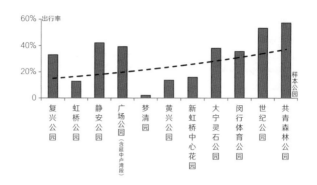

图 5-8 调研样本公园远距出行率

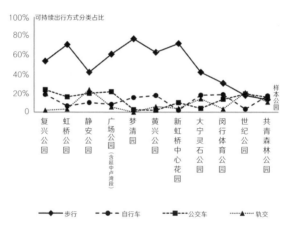

图 5-9 调研样本公园可持续出行方式分类占比

上海城市公园的游客以周边居住或工作的中老年企业员工和离退休人员为主（古旭，2013），因此长期以来，在各类公园中，都不乏以附近社区居民就近使用为主的公园个案，如黄兴公园。然而，上海直接针对就近游憩服务的社区公园体系建设才刚刚起步，如何借此有效地引导、提升公园的步行到访率是值得我们更加深入探讨的问题。

上海黄兴公园

上海共青森林公园

洛杉矶城市公园体系及公园游憩出行特征

洛杉矶欧内斯特·德布斯区域公园（Ernest E Debs Regional Park）

1. 洛杉矶城市公园体系

1.1 建设过程和空间分布

通过访谈相关领域的专家和部门，检索、汇总相关文献，以及在洛杉矶市立图书馆和市民中心查阅相关档案资料，我们研究得到洛杉矶公园绿地建设阶段和阶段性发展特征（表 6-1）。社区公园体系不仅是洛杉矶公园建设发展的主体，而且是近年来城市改良发展、提升居民就近步行游憩率的建设战略重点，因而成为本研究重点考察的公园类型。

表 6-1 洛杉矶公园绿地建设阶段和阶段性发展特征

建设阶段	阶段性发展特征
1977 年前	市域公园绿地系统基本构建成形
1978—2002 年	结合社区建设，在公园缺乏和人口密集的区域补建、配套公园绿地，以完善其系统的社区服务功能
2003 年—	通过构建滨水绿廊体系、改建废弃地、置换低效用地、优化社区公园网络等措施，达成整个城市生态、社会和经济的全面复兴

与绝大多数美国城市一样，洛杉矶的公园建设基本与其城市化进程同步，经历了郊野公园、操场公园、社区和邻里公园等典型的发展阶段 [28]（张翰卿，2005）。盖伦·克兰茨（Galen Cranz）提出的"四阶段论"（Cranz, 1982）清晰地诠释了美国城市公园类型生成和完善的全过程（表 6-2）。参照洛杉矶城市化的阶段划分，本研究采用了 1977 年、2002 年和 2010 年——洛杉矶游憩与公园管理局可提供公园统计数据的历史年份作为公园发展阶段划分的节点，以考察洛杉矶城市加速发展、停滞和精明增长阶段的公园发展状况。图 6-1 对洛杉矶游憩与公园管理局提供的公园绿地建设面积和数量的分阶段统计比对显示，1978 年后的公园绿地建设量大幅度减少。图 6-2 洛杉矶公园绿地的阶段性分布情况显示，1977 年前以及 1978—2002 年间建成开放的公园绿地在空间分布上较为均衡，而 2003 年后新建的公园绿地主要集中在滨河地区和中部以东的市中心区域。

28　美国城市公园的分类标准多样且类型构成复杂、细致，是随着城市建设发展和实际使用需要逐渐形成的。在相当长的时期内，社区公园一直是美国城市公园建设发展的主体，并逐渐细分出游憩中心、操场公园、袖珍公园、遛狗公园等多种类型，以满足不同人群的日常游憩需要。

表 6-2 美国城市公园发展阶段 (根据: Cranz, 1982)

时期	公园发展阶段	发展特征
1850—1900 年	郊野公园 (Pleasure Ground)	市郊大面积风景园,供高收入阶层亲近自然和放松、休闲; 随着城市的扩张, 这些郊野公园逐渐被城市用地围合,成为大型的区域公园
1900—1930 年	社区公园 (Reform Park)	通过建设各种小型社区公园的"小公园运动",为普通市民提供社交和活动场所,并借此重构美国的社会文化,凝聚大量的外来移民
1930—1965 年	游憩设施 (Recreational Facility)	公园建设重在满足游憩活动需求而非进行绿化造景,以便为各个年龄层次的社区居民提供经济、实用的室内外运动和活动场所
1965 年—	开放空间 (Open Space System)	将城市内具有潜在游憩价值的公共空间开发、串联成网络

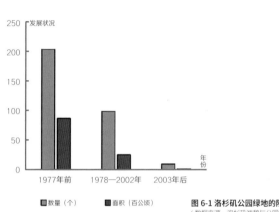

图 6-1 洛杉矶公园绿地的阶段性发展状况
(数据来源:洛杉矶游憩与公园管理局的公园统计数据)

这是因为,发展至 21 世纪,基于城市可持续发展的战略考虑,洛杉矶相关管理部门参与、组织、协调了一系列研究和规划论证工作,希望通过多种措施达成城市的全面复兴,而这些措施增加的公园绿地主要分布在滨河的自然廊道以及人口密度更高、公园相对欠缺的市中心区域。例如获得 2009 年美国景观设计师协会分析和规划类荣誉奖的"洛杉矶河复兴总体规划",在对土地利用、水质、生态、水文、人口统计、自然系统和城市河流复兴先例等综合分析的基础上,将横亘中心地带 32 英里(约 51.49 千米)长的洛杉矶河防洪水渠区域改造成兼具游憩和生态功能的公共绿地,用公共绿色走廊取代为汽车和房地产服务的基础设施,并沿河精选了 20 个"社区发展机遇区"作为优先发展区和各种改造方案的实践检验区。此外,在国家层面的"从红色用地到绿色用地"(Red Fields to Green Fields)计划框架下正在进行的洛杉矶案例研究,拟全面梳理洛杉矶重要的自然、

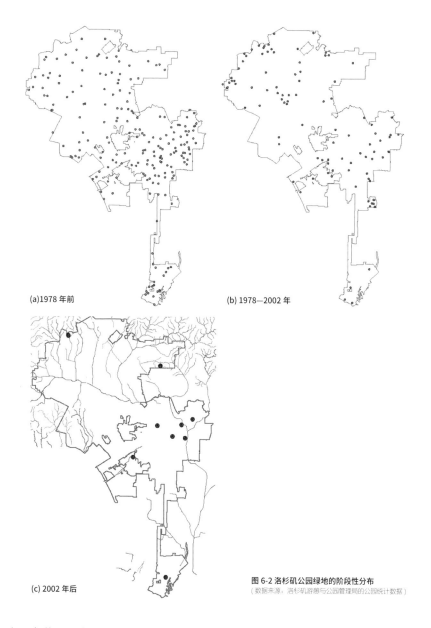

(a)1978 年前

(b) 1978—2002 年

(c) 2002 年后

图 6-2 洛杉矶公园绿地的阶段性分布
(数据来源：洛杉矶游憩与公园管理局的公园统计数据)

交通廊道，通过综合用地评估，识别沿线可改造的商业、工业或公共地产，使之转变为各类社区公园，从而构建一张完整的公园网络，使市民能够方便地步行抵达邻近的公园。

1.2 管理体系和基础数据研究

由于受到土地私有制的制约，多样化权属和地产式管理致使美国城市的公园绿地普遍缺乏权威的统计口径。与上海由市绿化和市容管理局统一管理全市所有公园不同，洛杉矶公园的管理权属更为多样化 [29]——既有县级、市级政府部门，例如游憩与公园管理局，也有各种商业机构和非营利性机构，例如美国知名的非营利组织"公共土地托拉斯"（Trust for Public Land，简称 TPL）[30]，甚至还有个人 [31]。因此导致公园数据来源多，但不同来源的数据往往存在不一致的情况，使得研究采信相当困难。对此，本研究采取自行建库的办法，以加州保护区数据库 [32]（California Protected Areas Database）CPAD v1.5（2010 年）数据中的公园及游憩地（parks and recreation）、开放空间（open space）和历史文化场所（historical/cultural site）GIS（Geographic Information System，地理信息系统）数据为基础，综合比对了加州、洛杉矶县的数据，洛杉矶游憩与公园管理局的公园统计报表（2010 年）、美国环境系统研究所公司（Environmental Systems Research Institute, Inc.）2008 年全美公园 GIS 数据中的洛杉矶公园数据，以及南加州大学（University of South California）"绿野规划"（Green Visions Plan）项目 2005 年发布的南加州绿地 GIS 数据、洛杉矶公园基金会（Los Angeles Parks Foundation，简称 LAPF）和圣莫尼卡山地管理委员会（Santa Monica Mountains Conservancy，简称 SMMC）的网络公开数据，确认了 2010 年洛杉矶共 344 个公园绿地。综合参考公园名称、权属性质和洛杉矶游憩与公园管理局公开发布的分类公园服务区划图，从中筛选出 277 个社区公园（其余 67 个为区域公园，图 6-3）。

29　洛杉矶游憩与公园管理局实际管理的公园（含受托管的州立、县立公园）数量占全市公园总数的 87%，其余公园的产权和管理权属则具多元性。

30　截至 2010 年，"公共土地托拉斯"在洛杉矶已完成 10 个公园绿地项目，涉及滨海湿地和自然山地的保护及社区公园的建设，其中部分项目是与洛杉矶游憩与公园管理局合作完成的。

31　例如威尔·罗杰斯州立历史公园（Will Rogers State Historic Park）。它原本是20 世纪 30 年代著名的好莱坞演员罗杰斯的私人牧场，其家族在捐赠牧场、建成州立公园之后，设立了"威尔·罗杰斯牧场基金"，以满足公园日常管理与维护的需求。

32　该数据库由非营利组织"绿色信息网络"（GreenInfo Network）运营，可提供加州从小型城市公园到大型国家公园和自然保护区的所有保护区类型的高精度 GIS 数据。因各级官方管理部门和相关组织或个人享有数据编辑权限，所以其数据信息量大、准确度高且更新及时。

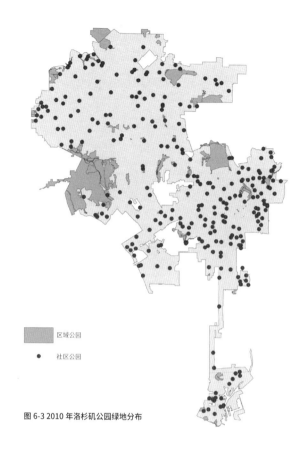

区域公园

● 社区公园

图 6-3 2010 年洛杉矶公园绿地分布

2. 公园游憩出行方式的基本构成及演变趋向分析

　　由于洛杉矶城市公园的数量较多，本研究以随机抽样为主，并征询了当地专家和相关部门的意见，补充了托潘加州立公园（Topanga State Park）、潘兴广场、格里菲斯公园（Griffith Park）等著名的代表性公园。研究针对该市公园布局注重公平服务的特征，按人口密度分布进行了抽样调整，在人口密度较高的区域适当增加样本公园数量，以期调研的使用群体与总体人口的分布情况更为吻合（图6-4），最终选取了 15 个区域公园和 45 个社区公园进行调研。利用获得的 918份对公园使用者的有效问卷，采用百人规模指数进行比较、分析，本研究获得了洛杉矶公园游憩出行方式的基本构成特征。

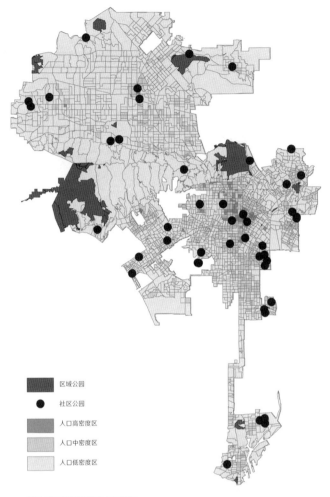

图 6-4 洛杉矶调研样本公园分布

区域公园

社区公园

人口高密度区

人口中密度区

人口低密度区

2.1 公园游憩出行方式的总体构成

　　图 6-5 是 60 个调研样本公园的游憩出行方式构成比较。洛杉矶公园游憩的可持续出行方式较为多样，包括步行、慢跑、自行车、轮滑 / 滑板、轮椅、骑马、公交等。自驾是洛杉矶公园游憩出行的主要方式，其次是步行。调研当天或平时选择自驾到访的使用者占比高达 62.4%，远远高于上海 15.6% 的占比；但是，选择步行到访者的占比达到了 38.8%，与上海 46.7% 占比的差距并不大。

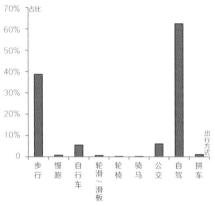

图 6-5 洛杉矶公园游憩出行方式构成

2.2 各类公园游憩出行方式的构成差异

在美国城市公园与游憩管理的相关规范与标准中，区分了区域公园和社区公园两大类型（Lancaster，1983）。因二者服务范围差别显著，便于衡量公园的服务功能、交通可达性，以及受此影响的公园游憩到访方式的具体差异，所以将各类公园都纳入该二分类型重新进行考察。

本研究对15个区域公园和45个社区公园的游憩到访方式分别进行了统计。由图 6-6 可见，区域公园与社区公园的游憩出行方式构成差异十分显著，主要体现在社区公园使用人群的步行到访率较区域公园高约 40%，而自驾到访率则低约 30%。

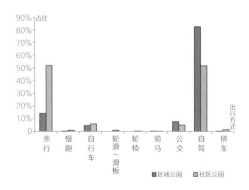

图 6-6 区域公园和社区公园游憩出行方式的构成差异

2.3 洛杉矶公园游憩出行的基本特征分析

高机动化出行是洛杉矶公园游憩出行的基本特征。与上海相比，洛杉矶居民采用自驾抵达公园的比例显著增加，这是洛杉矶以小汽车文化著称的整体交通模式和人们的交通习惯所决定的。洛杉矶的部分公园，尽管紧邻居住用地，周边公共交通站点配套也较为便利，但自驾到访率仍然偏高。例如作为市中心标志性开放空间的潘兴广场（属于区域公园）和靠近市中心的社区公园高地公园游憩中心（Highland Park Recreation Center），均位于道路密度高的区域且都有便利的公交配套（公交和轨交站点），但调研结果表明，其到访者的自驾出行率仍然分别高达 31% 和 77%。

与上海相比，一直以来注重建设完善提供就近游憩服务的社区公园体系、可持续出行方式更为多样化的洛杉矶，步行仍然是其公园游憩最主要的方式，且选择步行到访的使用者占比与上海差距并不大。有鉴于此，在高机动化社会中，通过构建社区公园体系，可显著提高公园的就近使用率和步行到访率，从而提升公园游憩出行方式的可持续性。

洛杉矶天使门公园（Angels Gate Park）

洛杉矶林肯公园（Lincoln Park）

已有研究表明，公园使用具有显著的社会分层差异（江海燕 等，2010），而个人的出行行为与其社会经济特征密切相关（Pitombo et al.，2011）。

洛杉矶因种族多样性而具有显著的社会分层，包括城市公园在内的社会资源的公平配给成为广受关注的议题。中国的市场经济体制改革提供了社会阶层分化的制度基础（刘欣，2005；李路路，2002），具有阶层特征的生活方式、文化模式已逐渐形成（李强，2005）。公园游憩和出行方式作为生活方式的内容之一，也会有行为人群的不同阶层定位。从社会学、人类学的角度审视、研究城市公园，关注使用者的不同类型及其行为，在尊重使用者意愿的前提下重新思考城市公园的利用和建设，是一种开展规划设计的全新思路（王璐艳 等，2010）。

为了深入探察上海 - 洛杉矶公园游憩出行方式和意向的分层变化，解析公园游憩低碳出行率的有效提升途径，本研究最终聚焦城市公园的步行到访方式，通过社区公园调研探求使用者就近游憩、步行出行的分层意愿，以及公园步行到访意向随社会经济发展的变化趋向。通过对两地社区公园的抽样调研发现，城市居民收入的增加与机动化水平和机动化游憩出行的增长密切关联；公园步行到访率受居民收入和机动化水平的影响显著。

洛杉矶河河州立公园（Rio de Los Angeles State Park）

上海 - 洛杉矶社区公园步行到访的分层差异和意向比较

洛杉矶埃夫里尔公园（Averill Park）

1. 调研公园与人群

1.1 上海 - 洛杉矶居民收入的水平类区

图 7-1 是根据 2010 年人口普查 GIS 数据，对上海和洛杉矶研究区域的社区居民收入水平进行 K- 均值（K-means）聚类后获得的居民收入水平类区。其中，上海因 2010 年的第六次人口普查并未调查居民收入，鉴于居民的个人受教育程

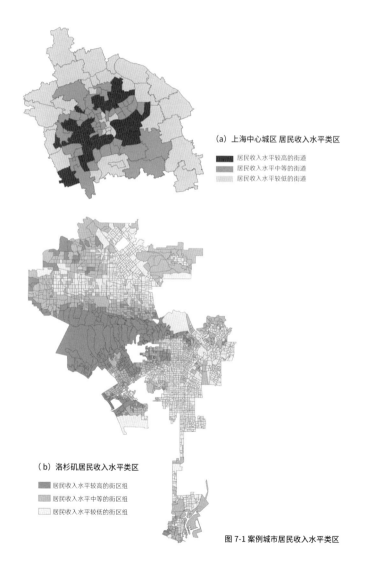

（a）上海中心城区 居民收入水平类区

■ 居民收入水平较高的街道
■ 居民收入水平中等的街道
□ 居民收入水平较低的街道

（b）洛杉矶居民收入水平类区

■ 居民收入水平较高的街区组
■ 居民收入水平中等的街区组
□ 居民收入水平较低的街区组

图 7-1 案例城市居民收入水平类区

度和从业情况是影响居民收入的重要因素（绳国庆，2005），采用了街道居民从事职业和受教育程度的数据作为收入水平类区的区分依据，将街道人口的相对高收入职业人口 [33] 和高学历人口 [34] 分别占街道总人口的比例作为两个变量，利用 SPSS（Statistical Product and Service Solutions，统计产品与服务解决方案）软件的 K- 均值聚类区分了三类街道。洛杉矶的收入水平类区则采用了当年全美人口普查的街区组人均收入数据，同样区分了三类街区。

1.2 公园类型及其周边社区和使用人群差异

从图 7-2 中洛杉矶局地不同类型的公园及其周边的社区差别可见，由于区域公园通常面积较大，与社区公园相比，其周边步行距离范围内，可涉及不同收入水平的社区。此外，两类公园使用人群的步行到访率和游憩活动行为特征也存在较大差异，而使用者的行为情境差别对于意向选择也会产生一定的影响。这种由公园类型差别导致的周边社区分异、步行到访和潜在意向的差异，增加了按照收入分层进行抽样调查的难度，可能影响最终分析结果的准确性。

出于针对公园步行到访调研取样的便利性以及分析准确性的考虑，鉴于上海 - 洛杉矶社区公园的步行到访率均高于区域公园，提升公园的步行可达性对于

33　表 7-1 是根据社会学相关文献中统计的上海市职业收入的评价分数。由于第六次人口普查数据将商业、服务业人员归于一类，因此本研究将街道居民的前三个职业分类定义为 "相对高收入" 的职业。

表 7-1 统计职业收入平均分数 （数据来源：仇立平，2001）

职业类别	职业收入评价平均分数（序号）
①国家机关、党群组织、企业、事业单位负责人	81.0（1）
②专业技术人员	61.6（2）
③办事人员和有关人员	60.6（3）
④商业从业人员	55.1（4）
⑤生产、运输设备操作人员及有关人员	34.9（5）
⑥服务业人员	29.3（6）
⑦农、林、牧、渔、水利业生产人员	17.4（7）

34　学历与收入呈正相关关系。高收入群体一般文化程度较高，专业技术能力较强，工作稳定；低收入群体的工作技术含量不高，工作流动性较大，不稳定因素较多（仇立平，2001）。中国高等教育学历有普通高等教育、成人高等教育、高等教育自学考试三种，其中普通高等教育的类别有专科、本科和研究生。因此，本研究将第六次人口普查中受教育程度在大学专科及以上的人口定义为 "高学历者"。

图 7-2 区域公园和社区公园周边社区的收入水平差异
[图中从左至右分布的是洛杉矶卡林史密斯操场公园（Carlin Smith Playground Park，社区公园）、欧内斯特·德布斯区域公园和高地公园游憩中心（社区公园）]

图例：
- 区域公园
- 社区公园
- 高收入社区
- 中收入社区
- 低收入社区

提升其出行方式的可持续性具有关键性作用，本研究聚焦于社区公园进行步行到访及其意向的分层研究，通过调研社区公园的游憩到访情况，探求使用者就近游憩、步行出行的分层意愿。

1.3 调研社区公园的分布

考虑到居民个体的实际收入与其所在社区的整体收入水平在一定程度上具有一致性，为保证被访的公园使用人群具有收入分层多样性，从两地的高、中、低收入水平类区随机抽取样本公园进行调研。

从各收入水平类区中选取样本公园，同样采用了分层随机抽样方法。图 7-3 是两地的样本公园分布图。其中，上海因为在调研年份还没有明确区分社区公园这一管理类型，本研究依据相关《城市绿地分类标准》和《公园设计规范》，在上海中心城区范围内界定了 45 个面积小于 10 公顷[35]、服务对象主要为周边居民、

35　因调研期间实行的《城市绿地分类标准》（CJJ/T85—2002）中将社区公园分为居住区公园和小区游园两类，而《公园设计规范》中规定居住区公园面积宜在 5～10 公顷之间，居住小区游园面积宜大于 0.5 公顷，故本研究界定社区公园面积宜小于 10 公顷。

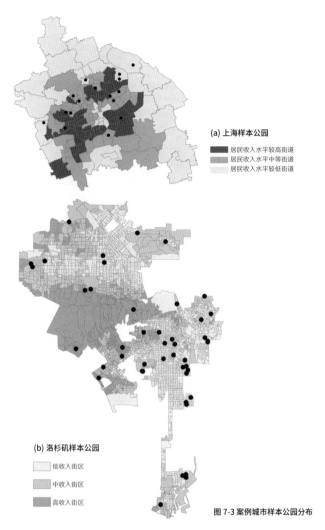

(a) 上海样本公园

居民收入水平较高街道
居民收入水平中等街道
居民收入水平较低街道

(b) 洛杉矶样本公园

低收入街区
中收入街区
高收入街区

图 7-3 案例城市样本公园分布

具有一定活动空间和设施的开放式集中绿地（即其周边是以居住用地为主的非专类公园），并从各收入水平类区不定比随机抽取 36 了 16 个样本公园进行调研（表7-2）。在后期上海市绿化和市容管理局公园管理处提出的公园分类讨论名单中，

36　上海居民收入水平较低的街道多分布在城市外围，这些区域多郊野公园、少社区性公园。由于上海的人口收入分层结构为金字塔形，为了兼顾样本总量大小和中低收入阶层的预期样本量，并考虑到实际调研的可操作性，研究主要参照低收入水平街道的社区性公园数量，采用了分层不定比抽样方法。

表 7-2 案例城市样本公园

所在社区居民收入水平	上海样本公园		洛杉矶样本公园	
	数量（个）	抽样率	数量（个）	抽样率
高	5	33%	8	15%
中	6	25%	13	15%
低	5	83%	24	15%
合计	16	36%	45	15%

这 16 个样本公园都属于社区公园，说明本研究对上海样本公园的筛选办法是合理的。洛杉矶的 45 个样本公园是从 277 个社区公园中基本以随机抽取的方式得到的，匹配到各个收入类区，基本接近 15% 的抽样率（表 7-2），这说明前期在专家和管理部门指导下的抽样结果较有代表性。

1.4 调研人群的收入结构分布

调研同样采用分层随机抽样的方法，对在园内活动的本市居民进行分类计数并按比例抽样完成问卷访谈。因工作日上海社区公园的活动者以老年群体和学龄前儿童居多，为使问卷样本全面覆盖各类使用群体，调研选择在周末或节假日进行，共回收问卷 1125 份，其中上海 548 份，洛杉矶 577 份。

比对多样化采集的数据信息对问卷进行筛选。例如对于出行距离，首先利用出发地点的信息借助 GIS 路径分析测算距离值 1，然后利用出行方式和时间信息估算距离值 2，将二者比对误差显著的问卷予以剔除。最终采信有效问卷 914 份，其中上海 494 份，洛杉矶 420 份（表 7-3）。

表 7-3 案例城市调研数据量

所在社区居民收入水平	上海		洛杉矶	
	样本公园数量（个）	有效问卷数量 *（份）	样本公园数量（个）	有效问卷数量 *（份）
高	5	174	8	72
中	6	218	13	119
低	5	102	24	229
合计	16	494	45	420

注：* 有效问卷必须提供收入分层信息以便于分层统计分析。

对于两地的有效问卷，分别按照调研的实际收入分层考察样本分布和彼此对应的情况，以检验样本是否可反映两地社会经济分层的基本特征。图7-4是两地调研样本的收入分层构成，基本符合上海的"金字塔"形阶层结构和美国的"洋葱头"形社会结构。上海中低收入样本较多，洛杉矶的中高收入样本较多，两地的分层数据分布具有一定的互补衔接特征。由于上海30万～70万元区间年收入和洛杉矶300万元以上区间收入的样本过小，进一步的分层分析时予以剔除。

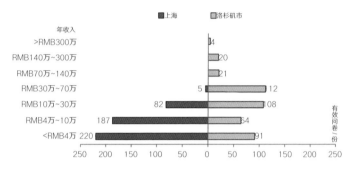

图7-4 案例城市调研数据分层构成

2. 上海 - 洛杉矶的机动化水平差异及其与收入水平和公园游憩出行方式的相关性

2.1 两地的机动化水平测量及差异

利用两地有效问卷的相关数据，我们分别测算了两地样本的私车保有率和使用情况，以考察两地的机动化水平差异，并与当地的实际机动化水平进行了比较。为避免两地样本总体大小的干扰，测算时以有效样本的百分比对频度数据进行了标准化转换。

洛杉矶的机动化水平远远高于上海（图 7-5，图 7-6）。总体上看，两地的私车保有率均随收入的增加而增长，但有车人群的私车使用情况并不具有收入分层的差异性[37]。洛杉矶收入最高的人群与其他高收入人群相比，私车保有率有所减少，但私车常用率却高达 100%，反映出私车拥有与使用情况的高度一致性，以及高收入人群更是以出行为目的的私车保有意愿。

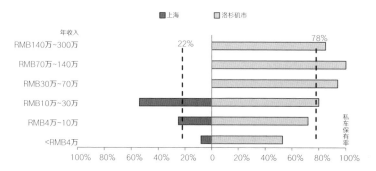

图 7-5 调研人群的私车保有率

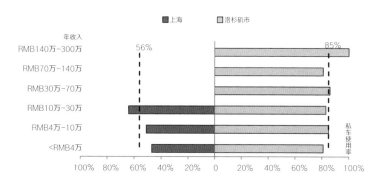

图 7-6 有车调研人群的私车使用率

37　多独立样本检验（K Independent Samples）过程中克鲁斯卡尔 - 沃利斯（Kruskall Wallis H）多样本比较秩和检验结果表明，两地不同收入人群的私车保有均存在显著的分层统计差异（sig 值 <0.05），而有车人群的私车使用则不具分层统计差异性（sig 值 >0.05）。

上海调研人群的整体私车保有率为 22%。参照 2010 年第六次人口普查时上海市统计局的人口家庭户特征分析，平均每个家庭户的人口为 2.49 人（上海市统计局，2011），若按每户 1 辆计，22% 的私车保有率相当于千人私车保有量为 88 辆，接近但略高于上海市统计年鉴公布的 2014 年 76 辆 / 千人的私车保有水平。鉴于上海市长期实行限牌以控制汽车总量增长的举措，在官方统计的沪牌车辆之外，还有存在大量在沪使用的外牌车，因此这一调研获得的机动化水平大致可信。

洛杉矶调研人群的整体私车保有率高达 78%。参照 2010 年美国人口普查的洛杉矶总人口和总户数，其户均人口为 2.68 人，若按每户 1 辆计，78% 的私车保有率相当于千人私车保有量 291 辆，低于 2008 年洛杉矶统计年鉴中的 520 辆 / 千人。然而在美国，大量家庭拥有 2 辆及以上小汽车，考虑到 2008 年之后洛杉矶的机动化水平开始下降，比对图 3-4 的洛杉矶大都市区人均私车保有量分布的研究结果以及图 7-3(b) 中的调研样本公园分布区位，这一调研结果可采信。

2.2 两地收入分层、私车保有和公园到访主要交通方式的相关性

鉴于个人或家庭的经济收入可直接影响私车的保有，进而影响其公园游憩出行方式，本研究对两地的收入分层与私车保有和公园到访主要交通方式的相关性分别进行了检验。尽管调研获得的是大样本，但因涉及社会收入，总体样本非正态分布，所以相关性检验是利用 SPSS 软件的卡方检验完成的。

步行和自驾是上海 - 洛杉矶公园游憩出行的主要交通方式。以 $P < 0.05$ 为卡方检验的评判标准，两地受访者的收入分层、私车保有和自驾到访方式之间均显著相关（表 7-4），说明收入增加与机动化游憩出行的增长密切相关。此外，洛杉矶受访者的收入分层与步行到访显著相关，但上海受访者并未显示出这一特征（表 7-4），提示对于公园步行到访这一至关重要的可持续交通方式，其影响机制还需要进行深入探讨和研究。

表 7-4 卡方检验获得的 sig 值

检验项	上海	洛杉矶
收入分层 - 私车保有	0.000	0.000
收入分层 - 步行到访	0.379	0.000
收入分层 - 自驾到访	0.000	0.000
私车保有 - 自驾到访	0.000	0.000

3. 公园步行到访的分层情况

为了考察两地公园游憩出行方式的分层情况，研究对调研获得的到访交通情况按照收入分层进行了统计和比较。由于部分收入分层两地均有调研样本分布，考虑到两地诸多社会经济、建成环境和文化习俗等方面的差异对于出行行为所具有的潜在影响，分层统计和比较对全数据和两地数据分别进行了分析。因调研样本涉及收入水平而呈现非正态分布，统计时均以中位数反映样本的平均水平。比较分析时为了避免样本大小的干扰，同样采用了有效样本的百分比。

3.1 公园步行到访率的分层改变

图 7-7 是两地调研样本公园步行到访率的分层统计结果。上海调研样本公园的使用人群以步行到访为主，其调研样本公园的整体步行到访率高达 88%，远远高于洛杉矶 49% 的水平。上海步行到访率的分层差异并不明显，但洛杉矶则差异显著[38]，这与相关性检验的结果相符合。并且，洛杉矶步行到访率的分层差异从总体上看，以年收入 30 万～ 70 万元为界，低收入人群的步行到访率随收入的增加而下降，高收入人群的步行到访率随收入的增加而上升。这提示公园步行到访率下降的压力在达到 30 万年收入水平后最为显著的可能性。

38　多独立样本检验过程中的克鲁斯卡尔 · 沃利斯秩和检验的结果表明，洛杉矶不同收入人群的步行到访存在显著的分层统计差异（sig 值 <0.05）。

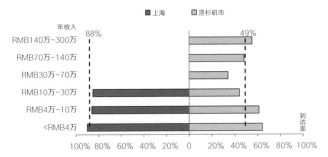

图 7-7 两地调研样本公园的步行到访率

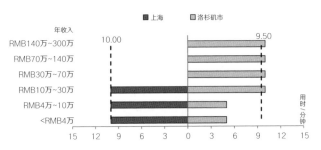

图 7-8 两地调研人群的步行到访时间

3.2 公园当前步行到访时间的分层情况

上海 - 洛杉矶调研人群的平均步行到访时间分别为 10 分钟和 9.50 分钟（图 7-8）。按人的舒适步行速度（不携带任何物品）127.2 ~ 146.2 厘米 / 秒（Bohannon，1997）计，考虑交通等待等因素，在城市环境中步行速度会减慢 25% 左右，则两地的平均步行到访时间大致相当于步行 400 ~ 500 米所需的交通时间。两地不同收入水平的人群的步行到访时间并未呈现显著差异，但洛杉矶以年收入 10 万元为界，低收入群体的步行到访时间显著少于高收入群体[39]。

————
39　多独立样本检验过程中的克鲁斯卡尔 - 沃利斯秩和检验的结果表明，两地不同收入人群的步行到访时间并无显著的分层统计差异（sig 值 >0.05）。进一步以两个独立样本检验（2 Independent Samples）过程中的曼 - 惠特尼秩和检验（Mann Whitney U）进行 2-2 检验发现，洛杉矶年收入 4 万~ 10 万元和 10 万~ 30 万元的人群之间存在显著差异。

3.3 公园当前步行到访时间满意度评价的分层情况

两地步行到访人群对其步行时间的满意度均比较高（图 7-9）。对于洛杉矶的调研人群，尤其是高收入群体，尽管步行到访耗时较多，但满意度却总体较高。

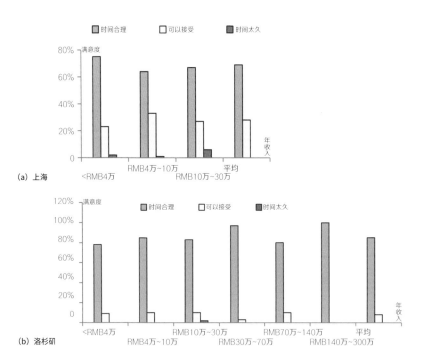

图 7-9 两地调研人群对步行到访时间的满意度评价

4. 公园步行到访意向的分层改变

为了探求两地公园使用者就近游憩出行的分层意愿，本研究对调研获得的步行意向数据分别按照收入分层进行了统计和比较，并且考虑到两地社会经济、建成环境和文化习俗等方面的差异性影响，对全数据和两地数据分别进行了深入分析。另外，由于调研样本非正态分布，统计时同样以中位数反映样本的平均水平；为了避免样本大小的干扰，比较分析时同样采用了有效样本的百分比。

4.1 洛杉矶公园到访交通方式意向的分层改变

鉴于洛杉矶的公园步行到访率相对较低，本研究进一步考察了其调研样本公园的到访交通方式构成（图 7-10）。由于机动化水平较高，洛杉矶调研人群以驾车到访为主，自驾率随收入额的增加先升后降，在年收入 30 万～ 70 万元处形成峰值；步行仍是低收入人群的主要到访交通方式，步行率随收入额的增加先降后升，与自驾的峰值相对应，在年收入 30 万～ 70 万元处形成低谷[40]。相对应的自驾和步行极值进一步提示了公园步行到访率下降的压力，而这种下降压力可能在年收入水平达到 30 万之后变得最为显著。

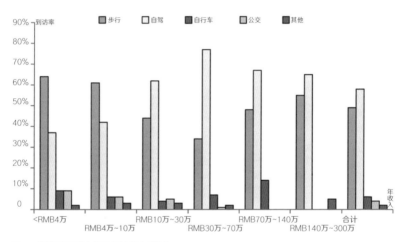

图 7-10 洛杉矶调研样本公园到访交通方式构成

然而，根据图 7-11 的比对分析，洛杉矶调研人群对于公园游憩出行的意向交通方式基本转向步行，但高收入人群较低收入人群对于自驾仍然有显著偏好[41]，其中最为突出的是年收入 70 万～ 140 万元的人群，甚至出现步行意向低

---

40 通过多独立样本检验过程中的克鲁斯卡尔‐沃利斯秩和检验，结果表明洛杉矶不同收入人群的自驾和步行到访存在显著的分层统计差异（sig 值 <0.05）。

41 通过多独立样本检验过程中的克鲁斯卡尔‐沃利斯秩和检验，表明洛杉矶不同收入人群的自驾到访意向存在显著的分层统计差异（sig 值 <0.05）。

于现实水平而自驾意向有所增加的情况，但年收入 140 万元以上者例外——位居收入顶层的人群，其步行出行意向高达 90%，高于现实步行到访水平（不及 60%）30% 多。对比洛杉矶最高收入人群相较其他高收入人群私车保有率减少和私车常用率高达 100% 的特殊情况，说明这部分人群除了具有以出行为目的的私车保有意愿，还因为少受客观经济条件的限制，出行方式更为理性、固化。

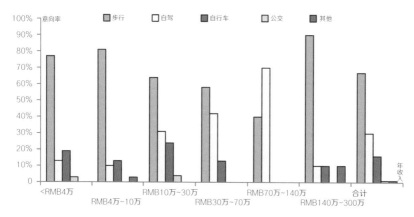

图 7-11 洛杉矶调研样本公园的到访交通方式意向构成

4.2 公园步行到访时间意向的分层改变

上海 - 洛杉矶调研人群的平均步行到访意向时间分别为 10 分钟和 15 分钟（图 7-12）。其中，上海的意向步行到访时间与现实步行到访时间相当，而洛杉矶的意向步行到访时间超过了两地现实的步行到访时间——按人的舒适步行速度为 127.2 ~ 146.2 厘米 / 秒（约合 75 ~ 85 米 / 分钟，Bohannon，1997），在城市交通环境中速度减慢约 25% 计，大致相当于步行 800 米所需的交通时间。虽然在理论和实践层面，都认可通过缩减公园服务半径、减少出行距离来提高步行可达性的做法，但就本研究中意向步行到访时间和现实步行到访时间的比较结果看，两地的情况并不一致。

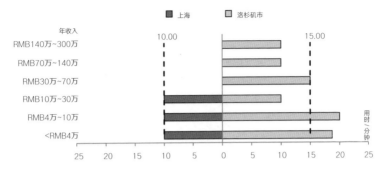

图 7-12 两地调研人群的步行到访时间意向

独立样本的非参数检验[42]表明，上海各类收入人群之间的步行到访意向时间差异并不具有统计的显著性，而洛杉矶调研人群中年收入 10 万～ 30 万元者的意向时间较 4 万～ 10 万元者显著减少，年收入 30 万元以上人群的意向步行时间中位数同样是 15 分钟，大致为步行 800 米所需的交通时间。

5. 公园步行到访及其意向应收入增长和机动化发展的变化研判

5.1 变化特征解析

城市居民收入的增加与机动化水平和机动化游憩出行的增长密切相关。机动化水平高的洛杉矶，尽管公园游憩步行到访所需的平均时间与机动化水平相对较低的上海极为接近，但调研人群的公园步行到访率远低于上海，且不同收入水平的使用人群之间差异显著，其中年收入 30 万元人群的公园步行到访率下降的压力最为显著。然而，除了年收入 70 万～ 140 万元的群体外，洛杉矶调研人群对于公园游憩出行的意向交通方式都转向步行，且意向的步行时间有所

---

42   通过多独立样本检验过程中的克鲁斯卡尔 - 沃利斯秩和检验，以及两个独立样本检验过程中曼 - 惠特尼秩和检验进行的 2-2 检验表明，上海不同收入人群的意向步行到访时间并无显著的分层统计差异（sig 值 >0.05），而洛杉矶年收入 10 万元以上和以下的人群之间，意向步行到访时间则存在显著的分层统计差异（sig 值 <0.05）。

增加，尤其是年收入高于 140 万元、位居收入顶层的群体，表现出高步行意向、私车保有率有所减少而使用率却达到 100% 的特异性。因此，随着居民收入和机动化水平的提高，公园步行到访率会受到显著影响，但仍具有进一步提升的可能性。

就两地现有的公园系统服务而言，使用者对于步行到访时间的评价都颇为满意。上海与洛杉矶调研人群在意向步行时间与现实步行时间的一致性方面表现出明显的差别。洛杉矶整体调研人群以及年收入 30 万元以上的人群意向步行时间均超过了现实步行时间。因此，随着居民收入和机动化水平的提高，进一步缩减公园服务半径可能并非是提升步行到访率的直接而有效的途径。

5.2 公园步行到访的影响因素分析

大量研究表明，建成环境可直接影响城市居民的步行行为（Jia et al., 2014；Sugiyama et al., 2014；Van Dyck et al., 2012）。除了公园自身的吸引力、面积大小以及周边的步行环境和社会环境之外，"能否就近可达"是影响公园步行到访的主要因素（Cohen et al., 2007；Gidlow et al., 2012；Nam et al., 2014）。然而，本研究中对于步行时间的分层统计表明，进一步缩减步行距离是否有利于提升步行到访率是一个尚待商榷的问题。因此，有必要对现行公园的服务半径这一控制公园就近可达的指标标准及其对步行到访的实际影响进行进一步的分析与研究。

● 公园服务半径的影响分析

公园服务半径标准是保障公园绿地合理布局、公平供给的基本规划手段。无论是在理论还是实践层面，要提高公园的步行可达性，往往意味着需要进一步缩减其服务半径。本研究中两地公园使用人群的步行到访距离数据表明，当前两地公园实际的步行服务半径中值大致为 400 ～ 500 米，这是中美两国目前公园绿地规划规范标准的约束指导结果。很多既有研究已证实，500 米是适于步行的距离值（如 Liu et al., 2017），因而常被用作研究公园步行到访的距离衡量值（如 Leslie et al., 2010）。在本研究中，两地对当前步行到访时间的高满意度也证明了这一点。

然而，值得注意的是，虽然本项研究的数据调研表明两地的步行到访人群对当前步行时间的满意度均比较高，但从公园步行意向的数据看，步行距离对于出行方式的影响值得商榷：上海各个收入群体的步行意向距离为 500 米左右，而洛杉矶调研人群的期望步行距离增加到了 800 米左右，大于当前实际的步行距离。这可能意味着，随着城市建设、机动化和社会经济的发展，进一步缩减公园的服务半径对于提升步行到访率并无直接的作用意义。

　　对此，本研究进一步探察了现行公园服务半径控制标准的执行效力以及在不同收入水平的社区中的执行情况。首先，通过 SPSS 软件中的单样本 T 检验 (One-Sample T Test) 过程，检验了两地现行的公园服务半径控制标准是否反映实际的步行距离均值[43]；其次，估测两地各收入类区中各个调研样本公园的实际服务半径，统计其均值并与两地现行的公园服务半径控制标准进行比较，上海取值 500 米，洛杉矶取值 400 米（结合表 4-1，取与调研得到的 400 ～ 500 米步行到访距离相对应的 400 米标准值）。各调研样本公园实际服务半径的测算办法是：

　　（1）对于每一个样本公园，利用问卷调研获得的每名受访人的出行方式和时间信息，估算其实际出行距离值[44]。

43　如前所述，根据调研的步行时间均值折算得到。

44　由于两地的交通状况和城市建设形态存在显著差异，距离折算采用了不同的方法，以使研究结果能更符合实际情况。上海住区多为封闭式且具有一定规模，住区内部道路不属于城市道路，调研获得的出行位置（大量调研反馈的是住区名称）误差较大。由于受访者以步行到访为主，受城市道路交通状况的影响不大，所以研究中利用出行时间和出行方式信息，按照常规的通行速度折算出行距离。其中，步行速度如前所述，取人的空手舒适步行速度下限并折减 75%，取整为 50 米 / 分钟；自行车速度，依据 2013 年 10 月发布的《上海市非机动车管理办法》规定，驾驶非机动车上路不得超过 15 千米 / 小时，考虑城市交通环境中的各种干扰，现实骑行速度会下降 30%（(Bernardi et al., 2015)，故按 10 千米 / 小时计；机动车速度，考虑上海的交通拥堵情况，按上海市区地面道路限速 30 ～ 60 千米 / 小时的下限计。由于洛杉矶基本上是开放式住区，调研获得的出行位置（几乎所有受访者均反馈距住址最近的道路交叉口所涉及的路名）相对准确，且自驾出行比例较高，自驾交通时间受交通拥堵、周边道路级别和限速等因素的影响较大，难以采用统一的速度值来折算，所以研究首先地理解析（geocode，即将地址换为地理坐标）了调研获得的每名受访者的出行位置，利用谷歌地球（Google Earth）查询其以调研的出行方式到达公园的时间，并与调研的出行时间进行比较，判断其出行位置是否确切，必要时加以适当调整，然后在 GIS 中测算各个公园及其使用者出行位置之间的地理距离。

（2）对于每一个样本公园，利用问卷调研获得的每名受访人的大致出发地点信息[45]和经 GIS 路径分析后测算得到出行距离值，与（1）估算的实际出行距离值进行比较修正，在 GIS 地图中推断每名受访人的确切出发地点（图 7-13）。

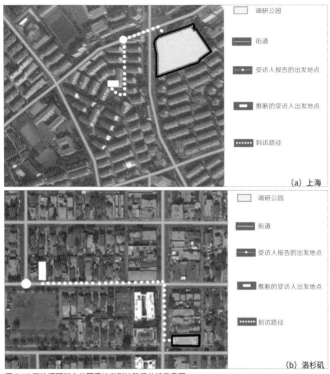

图 7-13 两地调研样本公园受访者到访路径分析示意图

（3）比较每名受访人提供的出发地点和推断的出发地点，验证并确定估算的实际出行距离值的可靠性，如果两个地点在同一街区范围，即视为信息确切——该受访人的估算出行距离值可靠。

45　为尊重和保护受访人的隐私，调查问卷中未要求受访者提供准确的出发地点。出发地点信息只能大致准确到道路交叉口或居住小区。

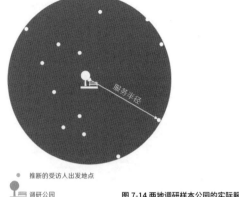

● 推断的受访人出发地点

🏛 调研公园

图 7-14 两地调研样本公园的实际服务半径测算示意图

（4）对于每一个样本公园，在 GIS 地图中计算每名受访人的确切出发地点至公园的直线距离并取整，该直线距离的集合可反映公园的实际服务半径（图7-14）。

（5）对所有有效问卷以及步行使用者的有效问卷分别统计、取整，将获得的直线距离值的平均数和中位数汇总，得到两地各收入类区中调研样本公园的服务半径（表 7-5）。

表 7-5 两地各收入类区的调研样本公园服务半径均值

统计样本所采用的公园到访交通方式	统计参数	上海			洛杉矶		
		高收入街道	中收入街道	低收入街道	高收入街区	中收入街区	低收入街区
所有交通方式	平均数（米）	500（95% 置信区间为 300～600）	500（95% 置信区间为 200～700）	500（95% 置信区间为 300～700）	2400（95% 置信区间为 400～4500）	1800（95% 置信区间为 1000～2700）	1000（95% 置信区间为 500～1400）
	中位数（米）	500	500	500	1400	2100	500
步行	平均数（米）	500（95% 置信区间为 300～600）	400（95% 置信区间为 300～500）	500（95% 置信区间为 300～500）	1000（95% 置信区间为 500～1400）	800（95% 置信区间为 500～1200）	400（95% 置信区间为 300～500）
	中位数（米）	500	500	500	800	800	300

单样本 T 检验的检验结果表明，上海的 500 米标准与样本均值间的差异应是由抽样误差所致，可反映其步行距离均值，而洛杉矶的 400 米标准不反映其步行距离均值[46]。上海各收入类区针对所有公园游憩出行方式以及只针对步行出行方式的实际公园服务半径均为 500 米左右，而洛杉矶仅有低收入街区针对步行出行方式的实际公园服务半径符合 400 米标准。

由此可见，上海的公园服务半径标准在建设管理实践中得到了有效执行，而洛杉矶受限于其土地私有制，标准执行的情况并不理想。结合上海样本公园步行到访率显著高于洛杉矶的调研结果可以推断，设置合理的公园服务半径是步行到访的有效管控手段；但是，正因为上海的公园服务半径标准执行到位，客观上造成了"一刀切"的局面，加上各类公园的游憩功能生态位差异不大（古旭，2013），从而减少了居民游憩出行的多样化体验。这种达成高满意度但相对单一的公园使用感受，在某种程度上也影响了本研究对使用者分层步行意向差别的探察。

面对人口的不断增长和日趋紧张的城市建设用地，按理想标准控制公园服务半径的难度势必越来越大。鉴于洛杉矶的调研人群，尤其是高收入人群的步行到访时间意向值明显超过上海的调研人群，本研究进一步探察了上海当前到访距离超出 500 米标准（即公园游憩出行体验与现行标准相比可归为"远距出行"的标准）的人群步行意向（图 7-15）后发现，如果步行距离较远，仍然愿意步行前往的人数较之前的统计会减少一半以上；但是，人群收入越高，这一减少值却越不显著。以上现象说明，上海高收入人群对于步行距离超标相对不敏感。对于洛杉矶高收入人群步行到访时间相对较高[47]，满意度评价反而更好的现象说明，机动化的发展在助长远距出行的同时，可能会加大出行者的距离预期。因此，随着居民收入和机动化水平的发展，根据社区的社会经济发展水平和实际的步行到访意愿，适当放宽公园服务半径，使之与社区居民的实际需求相吻合，既不致影响实际的

46　上海双侧检验 $P=0.421>0.05$，并且 95% 置信区间跨越均值，接受原假设。洛杉矶双侧检验 $P=0.00<0.05$，样本均值与 400 米检验标准存在显著差异。

47　一方面，出于公园服务公平性的考虑，近年来洛杉矶注重在低收入社区建设社区公园（骆天庆，2013）；另一方面，高收入社区的低密度建设特征促使洛杉矶公园的到访距离增加。

步行出行率和公园的到访使用率，又有助于统筹优化绿地系统布局，从而加强其生态效益。由此可增加单个公园面积，从而提升其服务性配置、提升公园绿地资源的公平配给。

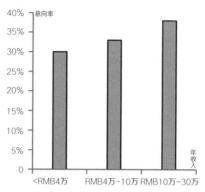

图 7-15 上海调研人群对于远距步行的出行意向

● **其他影响因素分析**

　　除距离因素外，周边的街区环境是否宜于步行以及居民惯常采用的出行方式等也会影响公园的步行到访和实际使用。

　　对于素以汽车文化著称的洛杉矶，其机动化发展水平和城市建设下的机动化配套服务水平均远远高于上海，因此前者调研人群步行到访社区公园的整体比例明显低于后者。洛杉矶低收入调研人群主要以步行到访公园的现象说明，在出行文化类同的情况下，经济收入（低收入人群少有机动车出行的物质条件）是影响是否驾车出行的一个主要因素。洛杉矶的高收入调研人群尽管有条件且自驾出行意愿相当高，但在当前步行到访时间相对较长的情况下，步行到访率仍随收入的增加而显著增长的现象说明，优良、安全的街区环境对提升步行游憩的积极意义。因此，在居民收入增长和机动化发展的同时，提升公园周边宜于步行的街区环境品质，能够有效提升公园游憩的步行到访水平。

　　尤其值得关注的是洛杉矶的顶层收入群体，其步行到访率相对于中收入群体增长显著且步行到访意向水平突出。步行作为一种健身方式，剔除个人生理因素，心理（如对健康的关注度）、观念认知以及各种社会性和环境性因素都会对其选择意愿产生影响（Bauman et al., 2012）。顶层收入群体无疑更关注自身的健康，但相较积极的出行方式，他们更愿意利用其相对充分的专业健身资源和机会，因此心理和环境因素对其出行方式的影响作用并不显著（Rind et al., 2015）。有理由推测，尽管洛杉矶有着根深蒂固的汽车文化传统，但近年来的城市改良建设发展理念率先作用于身处决策层的顶层精英群体，并对其观念认知产生了直接的影响。

洛杉矶潘恩太平洋公园（Pan Pacific Park）周边社区街景

洛杉矶林肯高地社区（Lincoln Heights）

500 米——理想公园服务半径标准的执行难度随城市的发展日益加大。快速机动化导致低碳游憩的出行率下降，而调研结果明确显示，进一步缩减公园的服务半径并不能有效提升步行的到访率。

公园步行到访率下降的警示线为居民年收入达到 30 万元。据此，中国城市应及早建设完善社区公园体系和社区公园周边街区环境的品质改良，并加强低碳憩行、可持续发展等社会观念和配套政策的良性导向。

共享交通的出现和推进在某种程度上改变了城市的出行方式，符合低碳交通和绿色出行的要求。然而，从交通工具全生命周期核算的角度看，鼓励规模化使用共享单车替代步行是否确有减排实效仍值得商榷。因此，公园游憩低碳出行仍应鼓励步行。

研判与展望

洛杉矶市民中心（Civic Center）南眺

1. 上海对于中国特大城市的发展启示

一直以来，上海的绿地面积远远落后于全国大城市的基本水平。2018 年上海的人均公园绿地面积虽增至 8.2 平方米，但仍低于中国城市人均公园绿地面积 13.7 平方米的平均水平，这意味着上海公园绿地的可达性水平相对较低[48]。并且，2014 年前，上海还没有明确区分"社区公园"这种管理类型，未形成均衡有效的社区公园体系。尽管如此，本研究的调研表明，步行仍然是上海公园游憩出行的主要方式，且使用者对于步行时间（大致相当于 500 米步行距离）的满意度较高；当前按照适宜步行的可达距离 500 米设置的公园服务半径是上海实现公园步行到访的有效管控手段。对于公园绿地可达性水平高于上海的中国其他城市而言，现行 500 米公园服务半径的标准同样适用。

然而，由于公园服务半径标准的"一刀切"和各类公园类似的游憩功能，在实质上制约了居民游憩出行的多样化体验。因此，从某种程度看只是在表面上形成了公园步行可达体验的高满意度，而正是这种相对一致的体验感知影响了本研究对上海居民分层步行意向差别的探察。洛杉矶高收入人群相对增加的远距步行到访意愿提示出，随着社会经济的增长，适当放宽公园服务半径的潜在合理性。这不仅对上海，对中国其他城市也具有未来实践的合理性。

相对于中国其他特大城市，上海的机动化水平虽不高，但城市建设密度高，中心城区的宜步行指数相对较高（Fan et al.，2018），自驾在公园游憩主要出行方式中位居第三。这预示着当前中国城市公园游憩所面临的机动化出行压力。随着中国城市机动化水平的进一步提高，为提高公园游憩的可持续出行方式，有必要及时进行疏导和干预。

对于上海可持续出行方式占比高的公园，游人多采用步行方式到达的现象说明，提升公园的步行可达性对于低碳憩行而言至关重要。2016 年 4 月，摩

48　囿于城市间绿地可达性指标的横向比较需要统一界定研究区范围、研究尺度和数据精度（尹海伟等，2008），目前的相关研究还只是局限于单一城市的评价，难以达成城市之间的分析比较。因此这里基于公园绿地建设指标对上海公园绿地可达性在中国城市的相对水平进行了推断。

拜单车在上海启动服务，上海成为中国最早出现共享单车的城市（顾丽梅 等，2018）。随着共享交通的发展和后汽车时代城市交通体系的变革，公园游憩低碳出行是否会发生相应改变还有待后续研究的进一步跟进。对此，上海仍具有先发案例城市的研究价值，本次研究成果也可作为后续研究的基础参考。

2. 洛杉矶对于中国特大城市的发展启示

中国 2010 年的千人私车保有量仅排名世界第 105 位，但近十年来，其增量和增速跃居世界第一，而且预计在未来的一定时期内，中国城市的机动化还将继续高速发展。从 2013 年开始，中国已进入机动化水平差异性发展阶段，城市，尤其是特大城市必将承受越来越大的机动出行压力，亟须制定、推行正确的发展策略。因此，我们有必要研究其他国家的城市机动化发展历程，借鉴经验，结合自身的实际情况与特点，寻找适合中国城市交通健康发展的合理途径（戴帅 等，2015）。

2.1 公园游憩步行到访面临进一步下降的压力

中国的城市公园，尤其是城市外围公园的低碳游憩出行率下降已初露端倪。通过洛杉矶案例研究有理由推测，随着居民收入的增长和城市机动化的发展，中国城市公园步行到访率会进一步受到影响。

洛杉矶案例研究发现，公园步行到访率下降的压力在使用群体达到年收入30 万元的水平后最为显著。年收入 30 万～ 70 万元的人群步行到访率低，可能是由于中等收入群体的闲暇时间相对较少（Aguiar et al., 2007），客观上需要压缩交通时间的缘故；年收入 70 万～ 140 万元人群的自驾出行意愿显著，可能是由于高收入人群机动车保有率更高，更倾向于使用机动车远距出行（Pitombo et al., 2011）。尽管有研究证实洛杉矶和美国大多数城市一样，高收入住区拥有更多的公园绿地配置，但显然这类社区的低密度建设特征拉长了公园的可达距离，加剧了驾车到访的必要性（这与中国城市新建区的建设特征有类似之处）。

参照洛杉矶与上海顺接的社会经济发展阶段，上海后续很可能面临公园步行到访率进一步下降的压力。事实上，在本次上海调研人群中，年收入 30 万元以上的样本缺乏，既是由于目前高收入群体总量较小，也是因为这一群体无暇使用公园。随着社会经济的进一步发展，这一群体总量将大幅增加，但其闲暇时间的增量可能性较小，必然会引发公园步行到访率进一步下降。对此，我们必须引起重视，及早寻求应对之策。

2.2 高机动化水平下公园游憩步行到访仍有提升空间

洛杉矶案例研究发现，步行仍然是其调研人群最主要的可持续出行方式，不但实际选择步行到访的使用者占比与上海差距不大，而且意向选择步行到访的使用者更是明显增加，在高收入群体中表现得尤为显著。以上提示，在高机动化水平下，公园游憩的步行出行方式仍具有发展空间。就洛杉矶而言，近年来的改良发展和社区公园体系的完善对此具有重要作用。

2.3 环境支撑因素的综合作用值得关注

虽然一直使用服务半径进行标准化调控，但是中国城市的社区公园体系建设却相对薄弱，伴随快速城市化发展，构建理想化城市绿地系统布局的难度越来越大。洛杉矶案例研究针对这种局面具有十分积极的指导意义——在高机动化社会中，人们认同的出行距离尺度会增大，故而缩减公园的服务半径对进一步提升步行到访率的实际意义不大。因此，面对日趋紧张的城市建设用地，在不影响步行到访意愿的前提下，适当放宽社区公园服务半径，可有效增强绿地系统生态效益、提升服务性配置和公园绿地资源的公平配给。

在公园服务半径管控有限的情况下，洛杉矶公园调研人群的步行到访率和意向分层都较为显著，这提示出随着社会经济的进一步发展，必须更加关注公园服务供给的分层需求。因此，在控制合理的公园服务半径之外，注重提高鼓励步行的公园周边街区环境品质、推行便利的共享交通设施、提倡低碳出行的观念等都是应对中国未来机动出行压力的有效举措。

3. 共享交通对慢行游憩出行的影响思考

共享交通主要由汽车共享和自行车共享组成。其中，汽车共享改变了市民出行的用车方式，表现为专车、顺风车、低价快车等对以前仅有私车、出租车的出行市场的切分；自行车共享（共享单车）业已成为居民短途交通的主要工具。随着制度的不断完善，共享交通对绿色交通的贡献率[49]将不断提高（冯也苏，2017）。

在中国，共享单车的表现最为抢眼。通过商业竞争模式的运营，短短数年间其超高速增长的规模（图 8-1）已超过其他国家的整体发展水平（纪淑平 等，2018）。共享单车日益成为中国城市慢行交通的重要工具。

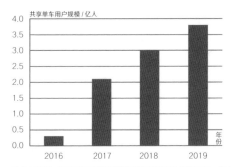

图 8-1 2016—2019 年中国共享单车用户规模走势（图片来源：《2019—2025 年中国共享单车行业市场监测及未来前景预测报告》，智研咨询集团，2018）

然而，共享单车在中国的最大用途是"解决最后 1000 米的问题"（纪淑平 等，2018）。对南京、西安等城市的实证研究表明，单车骑行呈现早、晚高峰的高强度骑行特征，并围绕地铁站显现聚集趋势（周超 等，2018；杨永崇 等，2018）。由于共享单车服务借助移动互联网技术达成，使得用户群体受限，受教育程度较高的年轻市民是共享单车的主要用户群体（顾丽梅 等，2018）。此外，

49　由北京清华同衡设计研究院等单位发布的《共享单车与城市发展白皮书》数据显示，共享单车出现前，小汽车出行量占总出行量的 29.8%，自行车占 5.5%；共享单车出现后，小汽车占总出行量比例下降至 26.6%，而自行车骑行的占比翻了一番，达到 11.6%。

共享出行需要有城市共享空间（如集中投放的停车空间）的整合支持（诸大建，2017）。因此，对于就近服务社区公园体系而言，共享单车替代步行的作用是否显著、确切还有待进一步探察和研究。

共享单车满足了低碳交通和绿色出行要求，对城市交通减排具有一定的效果，这主要是通过替代私人小汽车出行比例实现的（丁宁 等，2018）。从理论上讲，以共享单车为代表的分享经济可以改变旧的拥有经济的做法，解决消费规模扩展带来的反弹效应问题，并有可能实现出行需求满足与交通设施建设的脱钩，从而有助于解决中国目前碳排放强度降低但排放总量增加的问题（诸大建，2017）。然而，如果以共享单车本身的全生命周期核算，其生产、维护和调度的碳排放比普通单车约高出 5 倍——主要原因是为了满足智能化、维护少等特征，需要对单车进行特别设计，并且为了提高共享单车利用效率，需要进行日常投放调度（丁宁 等，2018）。因此，就交通减排实效而言，是否鼓励以共享单车规模化替代步行仍值得商榷。

事实上，共享单车在带来美好经济预期和可持续发展前景的同时，也带来了金融、交通和城市治理，甚至日常生活秩序受到搅扰和侵蚀的挑战（袁长庚，2018）。近期，由共享单车行业中普遍存在的押金衍生出的金融风险已经凸显。公众（无论是注册用户，还是潜在用户）对共享单车的使用意愿，除了受由共享单车服务产生的出行方便性和租还易用性感知的影响，还受到主流价值观等社会因素的直接影响（陈传红 等，2018）。因此，就公园游憩低碳出行而言，鼓励步行而非倡导共享单车应该是更为稳妥的做法。

洛杉矶弗明海滩（Point Feimin Beach）

附录 1·研究课题说明

本书是根据国家社会科学基金项目"机动化进程下中国城市公园游憩出行方式的意向改变及分层研判(14BSH066)"的研究报告改编而成。由于城市游憩出行具有时间和目的地多样化且随意性强等特征,难以通过交通管理策略有效削减私车出行率(Greenaway et al., 2008),以及交通政策制定和相应的设施建设必须转向对需求层面的考量(Gronau et al., 2006),该课题拟通过出行行为和意向研究,指导合理的公园布局规划,提升公园游憩的低碳出行率。

社会经济因素,尤其是私车保有情况,无论对于日常的通勤、购物还是游憩出行方式的选择,都具有重要的影响(Limtanakool et al., 2006)。因此,借助社会经济分层考察公园游憩出行,可全面了解中国当前不同阶层的出行特征和差异;通过不同发展水平的城市间的分层差异比较,可推断公园游憩出行方式和意向随城市化和机动化水平提高而改变的规律。先发国家高机动化城市中富裕阶层的低碳出行意向对未来改进中国城市形态和绿地布局具有积极的指导意义。

1. 课题研究问题

随着社会经济的不断发展,中国城市公园的游憩出行方式和意向会发生怎样的改变?高机动化社会中公园游憩的低碳出行率是否仍有提升的潜力?

2. 主要研究内容

(1)当前中国城市公园游憩出行方式的基本构成及分层差异状况:选择社会经济分层典型的上海作为案例城市进行分层的空间差异分析,从典型分层区域抽取样本公园进行游客问卷调查和问卷分层统计,考察当前中国城市公园游憩出行方式的基本构成和对应社会经济分层的差异。

(2)城市化/机动化进程下的社会经济分层序列以及公园游憩出行方式和意向的分层变化:从城市化和机动化水平领先的国家选择社会经济分层与上海衔接较好的城市作为

比较研究对象，通过社会经济分层比较生成阶层衔接谱系，通过公园调研和分层统计比较考察各阶层的公园游憩出行方式和意向差异及其改变情况。

（3）中国城市公园游憩出行方式意向的改变预判：通过社会经济特征，比较各序列分层与城市化、机动化发展阶段水平的对应性；借助各分层的公园游憩出行方式和意向，研判相应发展阶段城市人口的整体意向特征，并通过中国城市发展情况预判未来的变化。

3. 研究假设

（1）公园游憩出行具有社会分层差异，并且其分层特征与社会经济水平具有一定对应性：因公园绿地使用的社会分层差异以及出行行为对应经济条件的个体差异，公园游憩出行方式和意向应存在社会分层差异，并且这种方式和意向的整体特征可因社会经济和城市化、机动化的发展而改变。在一定程度上，特定社会经济分层的出行方式意向可反映相应社会经济水平下的整体意向特征。

（2）先发城市的公园游憩出行方式和意向分层可成为后进城市的参考：将局地的城市问题放在城市化发展历史中和国际化背景下进行比较，后发的国家和城市可以借鉴其他先行国家和城市的经验和教训。随着国民收入、媒体和技术的趋同，国家间文化消费特征的宏观趋同和微观存异现象并存。因此，在辨别游憩需求的具体差异后，先发国家案例城市的出行方式和意向分层特征可成为中国城市未来发展的参考，而中国先发城市的分层特征可成为后进地区发展的参考。

4. 研究思路

（1）借助典型案例调研探求潜在的发展规律：案例研究有利于处理复杂的现实问题，经合理设计可得出新的假说以及分析性的普遍结论。本研究选择了发展水平领先、外来人口众多、社会经济分层多样化（仇立平，2010）且空间分异特征明显（宣国富 等，2006）的上海作为中国的先发案例城市，从率先进入休闲经济时代的美国选择其第二大城市经济体、以高机动化和移民城市著称、同样具社会经济分层多样化和空间分异特征（Wolch et al., 2002）的洛杉矶作为先发国家的案例城市。

（2）借助静态横截面数据进行纵向发展研究：因难以获得纵向的历史数据，故选择了中美两国具有社会经济分层多样化特征的先发城市进行案例研究。通过社会分层与经济特征的对应转化，借助单一时间节点广泛的横向数据，推测不同社会经济水平下的纵向发展改变。

5. 研究方法

图 1 是研究的技术路线。基于实证研究范式，拟采用文献研究、抽样调查、统计分析、比较归纳等方法。

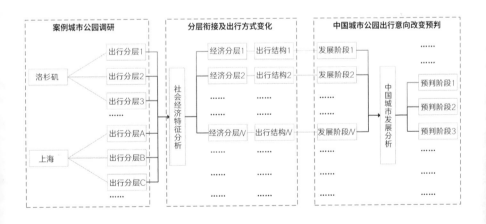

图1技术路线

文献研究主要用于城市社会经济分层与城市化、机动化发展阶段水平的对应性研究，以及中国城市发展情况研究。抽样调查、统计分析和比较归纳用于案例城市的公园调研和比较研究。研究以 GIS 为整合平台，统筹管理社会分层、样本公园和出行意向数据；调研数据将进行分层统计，以获得分层研究结果。

6. 课题研究的逻辑架构

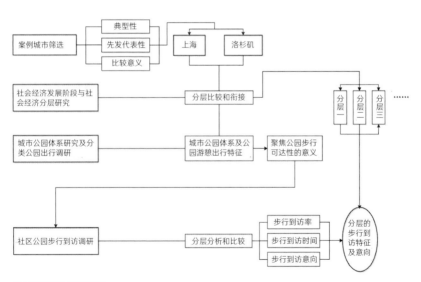

图 2 课题研究的逻辑架构图

7. 研究结论与实践指导价值

（1）社会经济发展阶段与城市化、机动化发展阶段存在一定的关联，可互为参照，而收入性指标是衡量这些发展阶段的通用依据。常用的收入性指标包括人均经济总量指标（如人均 GDP）和居民收入指标（如人均可支配收入），指标的核算角度不同，但在内涵上一脉相承，存在明显的层级关系，绝对量指标之间高度正相关。因此，可借助横向调研所获得的居民收入层级以及各层级相应的发展状况，推测纵向的因社会经济、城市化、机动化发展而可能发生的种种改变。

（2）上海和洛杉矶的经济发展水平在中美两国分别居于领先地位。整体衡量，二者的社会经济发展阶段具有顺接对比性，洛杉矶的社会经济发展领先于上海。这种顺接对比性在以两地个人所得税率级别衡量的居民收入分层中同样得到体现。

（3）上海 - 洛杉矶的城市公园均可纳入区域公园和社区公园的二分类型进行考察。上海得益于一直以来的高密度发展以及较低的机动化水平，公园游憩出行以步行为主，而自驾在主要出行方式中位居第三，有必要关注其增长趋势，及时进行疏导和干预。洛杉矶因高机动化水平，公园游憩出行以自驾为主，但步行仍是其最主要的可持续出行方式，并且选择步行到访的使用者占比与上海差距并不大。这说明在高机动化社会中，通过构建社区公园体系，可提高公园的就近使用率和步行到访率，从而提升公园游憩出行方式的可持续性。

（4）上海 - 洛杉矶社区公园的步行到访率均高于区域公园，洛杉矶尤甚。鉴于提升公园的步行可达性是提升出行方式可持续性的关键途径，通过聚焦城市公园的步行到访方式，调研社区公园的游憩到访情况，利于探求使用者就近游憩、步行出行的分层意愿。

（5）对两地社区公园的抽样调研表明，城市居民收入的增加与机动化水平和机动化游憩出行的增长密切相关。随着居民收入和机动化水平的提高，公园步行到访会受到显著的影响。在高机动化水平下，当居民年收入达到 30 万元时，公园步行到访率下降的压力最为显著；但随着居民收入和机动化水平的进一步提高，步行意愿显著增加，说明公园步行到访仍有提升的可能性。

（6）500米是宜于步行的公园服务距离。对上海案例的研究表明，参照这一适宜步行的可达距离设置合理的公园服务半径有助于实现公园的步行到访。由于机动化的发展在助长远距出行的同时，可加大出行者的距离预期，所以进一步缩减公园的服务半径无助于提升步行到访率，而应当放宽公园服务半径，使之与社区的社会经济发展水平和社区居民的实际需求相吻合。从洛杉矶的调研数据看，公园的步行服务半径可拓展至800米。

（7）洛杉矶案例的研究表明，居民收入增长和机动化发展达到高水平时，完善社区公园体系建设，注重公园周边宜于步行的街区环境的品质改良，以及加强低碳出行、可持续发展等社会观念和配套政策的良性导向，对于扭转居民的小汽车出行意愿、提升公园游憩的步行到访水平，将会产生积极有效的作用。

综上，本研究成果对实践的重要指导价值在于：① 首次明确居民年收入达到30万元为公园步行到访率下降的警示线。据此可有计划地提前做好各方面的调控和应对工作，有效保障未来城市公园的低碳出行（研究结论5）。②首次明确随着社会经济和城市机动化的更深入发展，公园的步行服务半径可拓展至800米，为未来中国城市公园体系的健康发展提供切实的经验数据支撑（研究结论6）。③明确指出提升城市公园低碳出行率的具体操作策略（研究结论7）。

8. 研究创新点
（1）前瞻性和宏观性的研究视角

从先发国家和城市的借鉴比较、局地社会分层与城市宏观发展的比较切入，将城市公园游憩出行置于社会经济和城市化、机动化发展的宏观背景下全面审视，考察出行方式和意向随城市发展的变化预期。

（2）纵横转换的研究设计

因长期跟踪研究难以操作，探析需求对应于快速的社会经济发展和城市化推进的改变情况通常较为困难。本研究通过先发国家和城市的比较分析，借助静态横截面数据的拓展来弥补纵向发展数据的不足。

（3）社会分层、交通行为与文化研究相结合

将行为融进宏观社会分层变化研究并纳入交通文化作为其中的考量因素具有突破性意义。本研究借助以小汽车文化为特征的洛杉矶和以步行文化为传统的上海进行案例比较，开展公园步行到访的行为和意向分层研究。

9. 研究局限性

（1）收入分层与社会经济发展阶段难以准确量化匹配

社会经济发展关系到整个社会体系转变的多维过程，正确衡量需要复杂的收入和社会指标的综合评定。本研究仅重点考察了案例城市的居民收入分层，难以确切验证具体分层所对应的社会经济发展阶段，只能借助案例城市的总体发展水平，定性判断收入分层所对应的社会经济发展水平。并且，受调研操作条件的限制，两地调研时间并不一致，分层的横断面数据是通过不同年份的转换计算得到的，数据匹配的准确性会因转换误差受到影响。

（2）多因子的影响和干扰难以完全屏蔽

公园游憩步行到访受到一系列复杂的内因和外因影响。除了经济收入，还有使用者个人健康、习惯喜好等因素以及就近可达、街道环境和社会环境（如安全性）等环境支撑因素的影响，要提升步行到访率，必须对内、外影响因子都进行综合的考量 (Giles-Corti et al., 2002)。本研究重点考察的是经济收入这一主要的影响因子，但在复杂的社会环境中进行实地调研，难以完全屏蔽其他因子的影响和干扰。对此，出于两地社会经济、建成环境和文化习俗等方面的差异对出行行为产生潜在影响的考虑，研究中的分层统计和比较在全数据和两地数据两个层面分别进行了分析，综合得出最终结论。

（3）调研时间节点对研究的时效性产生一定的影响

本研究中，上海调研的整体时间范围为 2009—2014 年，其中主要的时间节点为 2014 年；洛杉矶调研的时间节点是 2011 年。近几年，两个城市的不断发展造成居民收入水平、层级结构、出行方式等均有一定的改变，从而影响研究的时效性。在居民收入水平和层级结构方面，研究选取的两个案例城市均具有先发价值，因此对于中国其他的后发城市，根据当地的实际发展水平和情况，仍可参考借鉴本研究的分层意愿结论。在出行方式方面，2016 年共享单车在中国以非预期的方式出现并兴盛，正在引发后汽车时代的城市交通体系的变革和转型（诸大建，2017），因而有必要进一步考察、思考其对公园游憩低碳出行的影响。

附录 2 · 上海调研样本公园名录

序号	公园名称	类型 *	面积（公顷）	调研年份
1	广场公园（含延中广场公园卢湾段）	综合公园	23.7	2009 ~ 2010
2	复兴公园	综合公园	8.9	2009 ~ 2010
3	静安公园	综合公园	3.4	2009 ~ 2010
4	大宁灵石公园	综合公园	58.5	2009 ~ 2010
5	世纪公园	综合公园	140.3	2009 ~ 2010
6	黄兴公园	综合公园	39.9	2009 ~ 2010
7	共青森林公园	专类公园	124.7	2009 ~ 2010
8	闵行体育公园	综合公园	45.2	2009 ~ 2010
9	梦清园	社区公园	8.6	2009 ~ 2010
10	虹桥公园	社区公园	1.9	2009 ~ 2010
11	新虹桥中心花园	社区公园	13	2009 ~ 2010
12	梅川公园	社区公园	1.1	2014
13	松鹤公园	社区公园	1.5	2014
14	凉城公园	社区公园	1.4	2014
15	水霞公园	社区公园	1.2	2014
17	豆香园	社区公园	3.6	2014
18	延春公园	社区公园	1.3	2014
19	甘泉公园	社区公园	3.2	2014
20	临沂公园	社区公园	2.2	2014
21	江浦公园	社区公园	3.9	2014
22	大华行知公园	社区公园	5.8	2014
23	兰溪青年公园	社区公园	1.3	2014
24	工农公园	社区公园	1.6	2014
25	民星公园	社区公园	3.2	2014
26	华漕公园	社区公园	3.0	2014
27	三泉公园	社区公园	2.5	2014
28	高桥公园	社区公园	4.2	2014

* 根据 2015 年上海市绿化和市容管理局的城市公园分类。

附录 3 · 洛杉矶调研样本公园名录

序号	公园名称	类型	面积（公顷）	调研年份
1	Angels Gate Park	区域公园	28.5	2011
2	Ernest E Debs Regional Park	区域公园	128.43	2011
3	Griffith Park	区域公园	1644.65	2011
4	Hansen Dam Park	区域公园	751.98	2011
5	Ken Malloy Harbor Regional Park	区域公园	117.98	2011
6	Lake Balboa Park	区域公园	36.36	2011
7	Los Encinos State Historic Park	区域公园	2.13	2011
8	O ' Melveny Park	区域公园	281.46	2011
9	Pershing Square	区域公园	1.95	2011
10	Rio de Los Angeles State Park	区域公园	13.4	2011
11	San Vicente Mountain Park	区域公园	2.58	2011
12	Santa Susana Pass State Historic Park	区域公园	275.9	2011
13	Topanga State Park	区域公园	4626.19	2011
14	Will Rogers State Historic Park	区域公园	75.98	2011
15	Watts Towers Art Center	区域公园	1.85	2011
16	109th Street Recreation Center	社区公园	1.28	2011
17	Banning Park and Museum	社区公园	8.52	2011
18	Ardmore Playground Park	社区公园	1.74	2011
19	Averill Park	社区公园	4.35	2011
20	Blythe St. Park	社区公园	0.28	2011
21	Canal Park	社区公园	0.05	2011
22	Carlin Smith Playground Park	社区公园	1.27	2011
23	Central Recreation Center	社区公园	0.67	2011
24	Cheviot Hills Park and Recreation Center	社区公园	20.99	2011
25	Cohasset Melba Park	社区公园	1.15	2011
26	Denker Recreation Center	社区公园	1.27	2011
27	Eagle Rock Hillside Park	社区公园	7.77	2011
28	East Wilmington Greenbelt Park	社区公园	1.68	2011
29	East Wilmington Vest Pocket Park	社区公园	0.05	2011
30	Encino Park	社区公园	1.77	2011
31	Henry Alvarez Memorial Park	社区公园	1.04	2011

序号	公园名称	类型	面积（公顷）	调研年份
32	Highland Park Recreation Center	社区公园	2.55	2011
33	Hope and Peace Park	社区公园	0.23	2011
34	Howard Finn Park	社区公园	0.49	2011
35	Jazz Park	社区公园	0.08	2011
36	Jim Gilliam Recreation Center	社区公园	7.13	2011
37	Jordan Downs Recreation Center	社区公园	1.27	2011
38	Lafayette Park	社区公园	4.71	2011
39	Lakeview Terrace Recreation Center	社区公园	3.97	2011
40	Lanark Park	社区公园	7.65	2011
41	Laurel Canyon Park	社区公园	9.48	2011
42	Libbit Park	社区公园	9.72	2011
43	Lincoln Park	社区公园	20.67	2011
44	Norman O. Houston Park	社区公园	3.85	2011
45	North Atwater Park	社区公园	2.17	2011
46	Palisades Park	社区公园	14.09	2011
47	Pan Pacific Park	社区公园	10.59	2011
48	Penmar Recreation Center	社区公园	4.94	2011
49	Porter Ridge Park	社区公园	7.2	2011
50	Ramona Gardens Park	社区公园	0.73	2011
51	Robert L. Burns Park	社区公园	0.83	2011
52	Roberts Recreation Center	社区公园	1.01	2011
53	Ross Snyder Recreation Center	社区公园	4.5	2011
54	Ruben Ingold Park	社区公园	0.96	2011
55	Saint James Park	社区公园	0.32	2011
56	Sepulveda Recreation Center	社区公园	4.27	2011
57	Slauson Playground	社区公园	1.59	2011
58	Taxco Trails Park	社区公园	1.45	2011
59	William Nickerson Recreation Center	社区公园	1.75	2011
60	Woodbine Park	社区公园	0.47	2011

参考文献

[1] BONACICH E. 族群对抗的一种理论：分割的劳动力市场 // 格伦斯基. 社会分层 (第2版). 王俊, 等, 译. 北京：华夏出版社, 2005.

[2] 陈传红, 李雪燕. 市民共享单车使用意愿的影响因素研究. 管理学报, 2018(11).

[3] 陈雪明. 洛杉矶城市空间结构的历史沿革及其政策影响. 国外城市规划, 2004(1).

[4] 陈彦光, 罗静. 城市化水平与城市化速度的关系探讨——中国城市化速度和城市化水平饱和值的初步推断. 地理研究, 2006(6).

[5] 陈彦光, 周一星. 城市化 Logistic 过程的阶段划分及其空间解释——对 Northam 曲线的修正与发展. 经济地理, 2005(6).

[6] 戴帅, 刘金广, 朱建安, 等. 中国城市机动化发展情况及政策分析. 城市交通, 2015(2).

[7] TUMIN M M. 分层的一些原则：一个批判分析 // 格伦斯基. 社会分层 (第2版). 王俊, 等, 译. 北京：华夏出版社, 2005.

[8] DIMAGGIO P. 社会分层、生活方式、社会认知和社会参与 // 格伦斯基. 社会分层 (第2版). 王俊, 等, 译. 北京：华夏出版社, 2005.

[9] 丁宁, 杨建新, 逯馨华, 等. 共享单车生命周期评价及对城市交通碳排放的影响——以北京市为例. 环境科学学报, 2019. https://doi.org/10.13671/j.hjkxxb.2018.0244.

[10] 风笑天. 社会学导论. 武汉：华中理工大学出版社, 1997.

[11] 冯也苏. 共享交通对城市交通发展的作用研究. 城市发展研究, 2017(6).

[12] 韩林飞, 郭建民, 柳振勇. 城市化道路的国际比较及启示——对我国当前城市化发展阶段的认识. 城市发展研究, 2014(3).

[13] HISCHMAN C. SNIPP C M. 美国梦：1970—1990 年美国种族与种群的社会经济不平等 // 格伦斯基. 社会分层 (第2版). 王俊, 等, 译. 北京：华夏出版社, 2005.

[14] 胡必成, 方金友, 王开玉. 扩大中等收入者比重 构筑现代社会结构. 江淮论坛, 2003(6).

[15] 黄颂. 当代西方社会分层理论的基本特征述评. 教学与研究, 2002(8).

[16] 钱纳里, 赛尔昆. 发展的型式 (1950—1970. 李新华, 徐公理, 迟建平, 译. 北京：经济科学出版社, 1988.

[17] GANS H J. 21 世纪美国新种族等级的可能性 // 格伦斯基. 社会分层 (第2版). 王俊, 等, 译. 北京：华夏出版社, 2005.

[18] 古旭. 上海城市公园游客结构、行为与需求特征及其影响因素研究. 上海：华东师范大学, 2013.

[19] 顾丽梅, 张云翔. 共同生产视角下的城市共享单车服务治理——基于上海市案例的混合方法研究. 公共管理学报, 2018. https://doi.org/10.16149/j.cnki.23-1523.20181114.001.

[20] 纪淑year, 李振国. 国外共享单车发展对我国的经验借鉴与启示. 对外经贸实务, 2018(4).

[21] 江海燕, 周春山. 国外城市公园绿地的社会分异研究. 城市问题, 2010(4).

[22] 景跃军, 张景荣. 社会分层研究与中国社会分层现状. 人口学刊, 1999(5).

[23] 孔令斌. 新形势下中国城市交通发展环境变化与可持续发展. 城市交通, 2009(6).

[24] 李春玲. 断裂与碎片——当代中国社会阶层分化实证分析. 北京：社会科学文献出版社, 2005.

[25] 李济广. 国家间经济比较中的不同货币比价. 中国地质大学学报 (社会科学版), 2008(05).

[26] 李路路. 制度转型与分层结构的变迁——阶层相对关系模式的 "双重再生产". 中国社会科学, 2002(6).

[27] 李路路, 孙志祥. 透视不平等——国外社会分层理论. 北京：社会科学文献出版社, 2002.

[28] 李路路. 中国社会四十年的变革与当前面临的挑战. 中央社会主义学院学报, 2018(3).

[29] 李璐颖. 城市化率 50% 的拐点迷局——典型国家快速城市化阶段发展特征的比较研究. 城市规划学刊, 2013(3).

[30] 李强. 政治分层与经济分层. 社会学研究, 1997(4).

[31] 李强. 当前中国社会分层结构变化的新趋势. 中国社会科学, 2005(4).

[32] 李强. 身份和贫富的社会变迁. 安阳师范学院学报, 2008(6).

[33] 李强. 社会分层十讲. 北京: 社会科学文献出版社, 2011.

[34] 李强. 社会分层与社会空间领域的公平、公正. 中国人民大学学报, 2012(1).

[35] 李轶伦, 朱祥明. 上海郊野公园设计与建设引导探析. 中国园林, 2015 (12).

[36] 李振福. 交通文化及其生态机制. 城市环境与城市生态, 2003(S1).

[37] 廖远涛, 肖荣波, 艾勇军. 面向规划管理需求的城乡绿地分类研究. 中国园林, 2010(3).

[38] 林良嗣, 吴琼华. 无憾的土地利用与交通策略——为适应未来可预见的经济发展、城市化及小汽车化发展阶段. 城市规划学刊, 2007(05).

[39] 林兆木, 中美两国发展水平与潜力比较研究. 全球化, 2015(3).

[40] 刘常富, 李小马, 韩东. 城市公园可达性研究——方法与关键问题. 生态学报, 2010(19).

[41] 刘欣. 当前中国社会阶层分化的制度基础. 社会学研究, 2005(5).

[42] 刘欣. 中国城市的阶层结构与中产阶层的定位. 社会学研究, 2007(6).

[43] 刘欣, 田丰. 社会结构研究 40 年: 中国社会学研究者的探索. 江苏社会科学, 2018(4).

[44] 刘扬, 梁峰. 居民收入比重和收入构成的国际比较分析. 马克思主义研究, 2013(7).

[45] 陆丰刚, 陈寅平. 中国与加拿大居民经济压力与消费能力比较. 现代产业经济, 2013(7).

[46] 陆学艺. 当代中国社会阶层研究报告. 北京: 社会科学出版社, 2002.

[47] 骆天庆, 唐家富, 刘悦来. 特大城市公园出行可持续性调研——上海实例研究. 中国园林, 2011(7).

[48] 骆天庆. 美国城市公园的建设管理与发展启示——以洛杉矶为例. 中国园林, 2013(7).

[49] 骆天庆, 夏良驹. 美国社区公园研究前沿及其对中国的借鉴意义. 中国园林, 2015(12).

[50] 麦华. 西方城市公园发展演变. 南方建筑, 2006(8).

[51] MARE R D. 对社会流动和不平等研究的考察 // 格伦斯基. 社会分层 (第 2 版). 王俊, 等, 译. 北京: 华夏出版社, 2005.

[52] MEYER J W. 现代分层体系的演化 // 格伦斯基. 社会分层 (第 2 版). 王俊, 等, 译. 北京: 华夏出版社, 2005.

[53] MORRIS M, WESTERN B. 收入的不平等 // 格伦斯基. 社会分层 (第 2 版). 王俊, 等, 译. 北京: 华夏出版社, 2005.

[54] 卡恩. 衡量与决定社会经济发展的因素. 国外社会科学, 1991(11).

[55] 牛文元. 中国新型城市化报告 (2011). 北京: 科学出版社, 2011.

[56] 欧阳煌. 居民收入与国民经济协调增长的国际经验及我国现状. 经济研究参考, 2012(25).

[57] 潘海啸, 沈青, 张明. 城市形态对居民出行的影响——上海实例研究. 城市交通, 2009(6).

[58] 齐元静, 杨宇, 金凤君. 中国经济发展阶段及其时空格局演变特征. 地理学报, 2013(4).

[59] 仇保兴. 实现我国有序城市化的难点与对策选择. 城市规划学刊, 2007(5).

[60] 仇立平. 职业地位: 社会分层的指示器——上海社会结构与社会分层研究. 社会学研究, 2001(3).

[61] 仇立平. 非同步发展: 上海现代化发展水平和社会阶层结构. 中国社会科学报, 2010-02-23.

[62] 曲丽娜. 社会阶层理论浅探. 经济研究导刊, 2017(1).

[63] 荣娥, 冯旭. 西方社会分层研究述评. 社会工作, 2007(1).

[64] 上海市统计局. 上海市 2010 年第六次全国人口普查主要数据公报, 2011.

[65] "社会主义生产力标准问题研究"课题组. 关于社会生产力描述指标体系的探讨. 上海社会科学院学术季刊, 1988(3).

[66] 绳国庆. 居民收入, 学历职业是关键. 数据, 2005(2).

[67] 石庆环. 20 世纪美国中产阶级的结构变迁及其特征. 辽宁大学学报 (哲学社会科学版), 2010(4).

[68] 宋迎昌. 美国的大都市区管治模式及其经验借鉴——以洛杉矶、华盛顿、路易斯维尔为例. 城市规划, 2004(5).

[69] 屠星月, 黄甘霖, 邬建国. 城市绿地可达性和居民福祉关系研究综述. 生态学报, 2019(2).

[70] 王朝明, 曾传亮. 转型期我国居民收入差距与利益协调——基于社会分层的视角. 社会科学研究, 2007(1).

[71] 王光荣. 城市小客车总量调控政策的实践效应与支持体系. 城市, 2014(3).

[72] 王建军, 吴志强. 城市化发展阶段划分. 地理学报, 2009(2).

[73] 王璐艳, 刘克成. 使用者视角对于我国城市公园建设的指导意义研究——《城市公园的反思：公共空间和多元文化》引发的思考. 安徽农业科学, 2010(23).

[74] 王卫城, 赖亚妮. 社会分层的空间逻辑——非正规城市化向正规城市化转变过程中社会分层的分析视角. 社会科学战线, 2017(6).

[75] 王小章. 社会分层与社会秩序——一个理论的综述. 浙江社会科学, 2001(1).

[76] 王旭. 从芝加哥模式到洛杉矶模式——美国城市化新论. 经济地理, 2001(S1).

[77] 王云芳. 国民经济核算与人均收入指标关系. 中国统计, 2012(5).

[78] 王中航, 周传斌, 王如松, 等. 中国典型特大城市交通的生态足迹评价. 生态学杂志, 2015(04).

[79] WILSON W J. 种族意义的削弱：黑人与变化的美国制度 // 格伦斯基. 社会分层 (第 2 版). 王俊, 等, 译. 北京：华夏出版社, 2005.

[80] 吴成, 彭春晓. 城市公园的分类分级管理. 上海绿化市容杂志, 2016.

[81] 吴承忠. 美英休闲经济的发展历程. 城市问题, 2009(4).

[82] 项继权, 袁青. 阶层识别：指标、逻辑及其发展. 江汉论坛, 2017(1).

[83] 徐祥生, 王磊. 中国居民收入分化与阶级分层问题研究. 社会科学战线, 1999(1).

[84] 许叶萍, 石秀印. 城市化中的空间社会分层与中国机理. 北京社会科学, 2016(11).

[85] 宣国富, 徐建刚, 赵静. 上海市中心城社会区分析. 地理研究, 2006(3).

[86] 杨永崇, 柳莹, 李梁. 利用共享单车大数据的城市骑行热点范围提取. 测绘通报, 2018(8).

[87] 尹昌应, 石忆邵, 王贺封. 晚清以来上海市建成区边界扩张过程与特征. 地理科学进展, 2013(12).

[88] 尹海伟, 孔繁花, 宗跃光. 城市绿地可达性与公平性评价. 生态学报, 2008(7).

[89] 袁长庚. 空间的蚀锈：对共享单车乱象的人类学批评. 学习与探索, 2018(10).

[90] 袁朋伟, 董晓庆, 翟怀远, 等. 基于 Nested Logit 模型的共享单车选择行为研究. 交通运输系统工程与信息, 2018(5).

[91] 张翰卿. 美国城市公共空间的发展历史. 规划师, 2005(2).

[92] 张浪, 李静, 傅莉. 城市绿地系统布局结构进化特征及趋势研究：以上海为例. 城市规划, 2009(3).

[93] 张庆费, 夏檑, 乔平. 上海公园的发展动态、分布格局与规模特征分析. 中国园林, 2001(1).

[94] 张式煜. 上海城市绿地系统规划. 城市规划汇刊, 2002(6).

[95] 张颖，赵民．论城市化与经济发展的相关性——对钱纳里研究成果的辨析与延伸．城市规划汇刊，2003(4).

[96] 周超，周亚男，李振世，等．基于大数据的南京市共享单车时空特征研究．西南师范大学学报（自然科学版），2018(10).

[97] 周叔莲，郑秀峰．衡量社会主义可持续发展的经济标准思考．中州学刊，2001(3).

[98] 诸大建．后汽车时代城市的共享出行问题——基于循环经济视角的思考．城市交通，2017(5).

[99] 张华，蔡茜，陈小鸿．中国机动化发展特征——分化与转型 // 中国城市规划学会城市交通规划学术委员会，中国城市规划设计研究院．交叉创新与转型重构：2017年中国城市交通规划年会论文集．北京：中国建筑工业出版社，2017.

[100] AGUIAR M, HURST E. Measuring trends in leisure: The allocation of time over five decades. Quarterly Journal of Economics, 2007(3).

[101] BAUMAN A E, REIS R S, SALLIS J F, et al. Correlates of physical activity: Why are some people physically active and others not. Lancet, 2012 (9838). https://portal.findresearcher.sdu.dk/da/publications/correlates-of-physical-activity-why-are-some-people-physically-ac

[102] BERNARDI S, RUPI F. An analysis of bicycle travel speed and disturbances on off-street and on-street facilities. Transportation Research Procedia, 2015(5).

[103] BOHANNON R W. Comfortable and maximum walking speed of adults aged 20 ~ 79 years: Reference values and determinants. Age and Ageing, 1997 (1).

[104] CAO X Y, HANDY S L, et al. The influences of the built environment and residential self-selection on pedestrian behavior: Evidence from Austin, TX. Transportation, 2006(1).

[105] CHEN C, GONG H M, et al. Role of the built environment on mode choice decisions: Additional evidence on the impact of density. Transportation, 2008(3).

[106] CHEN Y C, LI R H, CHEN S H. Relationships among adolescents' leisure motivation, leisure Involvement, and leisure satisfaction: A structural equation model. Social Indicators Research, 2013(3).

[107] CHENERY H, et al. Industrialization and growth: A comparative study (for the World Bank). New York: Oxford University Press, 1986.

[108] COHEN D A, MCKENZIE T L, SEHGAL A, WILLIAMSON S, et al. Contribution of public parks to physical activity. American Journal of Public Health, 2007(3).

[109] COMBER A, BRUNSDON C, GREEN E. Using a GIS-based network analysis to determine urban greenspace accessibility for different ethnic and religious groups. Landscape and Urban Planning, 2008(1).

[110] CRANZ G. The politics of park design: A history of urban parks in America. Cambridge: MIT Press, 1982.

[111] CREASON G. Los Angeles in maps. New York: Rizzonli International Publications, Inc., 2010.

[112] DALVI M Q, MARTIN K M. The measurement of accessibility: Some preliminary results. Transportation, 1976（5）.

[113] NEWTON D. Density, Car ownership, and what it means for the future of Los Angeles. 2010. http://la.streetsblog.org/2010/12/13/density-car-ownership-and-what-it-means-for-the-future-of-

los-angeles/

[114] DAVIS F D, VENKATESH V A. Critical assessment of potential measurement biases in the technology acceptance model: Three experiments. International Journal of Human-computer Studies. 1996(1).

[115] FAN P, WAN G, XU L, Park H, et al. Walkability in urban landscapes: A comparative study of four large cities in China. Landscape Ecology, 2018(2).

[116] FISHBEIN M, AJZEN I. Belief, attitude, intention and behavior: An introduction to theory and research. Reading, MA: Addison-Wesley, 1975.

[117] FRANK L D, SAELENS B E, et al. Stepping towards causation: Do built environments or neighborhood and travel preferences explain physical activity, driving, and obesity. Social Science and Medicine, 2007(9).

[118] GENTIN S. Outdoor recreation and ethnicity in Europe—A review. Urban Forestry and Urban Greening, 2011(3).

[119] GIDLOW C J, ELLIS N J, BOSTOCK S. Development of the Neighbourhood Green Space Tool (NGST). Landscape and Urban Planning, 2012(4).

[120] GILES-CORTI B, DONOVAN R J. The relative influence of individual, social and physical environment determinants of physical activity. Social Science and Medicine, 2002(12).

[121] GILES-CORTI B, BROOMHALL M H, KNUIMAN M, et al. Increasing walking: How important is distance to, attractiveness, and size of public open space. American Journal of Preventive Medicine, 2005/28(2).

[122] GOLDENBERG R, KALANTARI Z, DESTOUNI G. Increased access to nearby green-blue areas associated with greater metropolitan population well-being. Land Degradation and Development, 2018(10).

[123] GREENAWAY S, MCCREANOR T, WITTEN K. Reducing CO2 emissions from domestic travel: Exploring the social and health impacts. Ecohealth , 2008(4).

[124] GRONAU W, KAGERMEIER A. Key factors for successful leisure and tourism public transport provision. Journal Of Transport Geography, 2006(2).

[125] HAN J, HAYASHI Y, CAO X, et al. Evaluating land-use change in rapidly urbanizing China: Case study of Shanghai. Journal of Urban Planning and Development, 2009(4).

[126] HOFFMANN R, HU Y, GELDER R, et al. The impact of increasing income inequalities on educational inequalities in mortality: An analysis of six European countries. International Journal for Equity in Health, 2016(15).

[127] JIA Y, N, FU H. Associations between perceived and observational physical environmental factors and the use of walking paths: A cross-sectional study. Bmc Public Health, 2014(14).

[128] KAZMIERCZAK A. The contribution of local parks to neighbourhood social ties. Landscape and Urban Planning, 2013(1).

[129] KENWORTHY J. Urban transport sustainability: Transport sustainabilityranking of 84 cities across 11 regions based on a comprehensive assessment of their transport systemperformance. Connecting Cities: City-regions. Metropolis Congress 2008, 2008.

[130] LANCASTER R A. Recreation, park and open space standards and guidelines. Washington D.C.: National Recreation and Park Association, 1983

[131] LESLIE E, CERIN E, KREMER P. Perceived neighborhood environment and park use as mediators of the effect of area socio-economic status on walking behaviors. Journal of Physical Activity and Health, 2010(6).

[132] LIMTANAKOOL N, DIJST M, SCHWANEN T. The influence of socioeconomic characteristics, land use and travel time considerations on mode choice for medium and longer-distance trips. Journal of Transport Geography, 2006(5).

[133] LIU H X, LI F, LI J Y, et al. The relationships between urban parks, residents' physical activity, and mental health benefits: A case study from Beijing, China. Journal Of Environmental Management, 2017(190).

[134] LUO T, LI W, KAREN C H. Density changes and their impact on sustainable recreational travel to parks in large chinese cities, Shanghai case. Applied Mechanics and Materials, 2011(99)/(100).

[135] MILES R, PANTON L B, et al. Residential context, walking and obesity: Two african-american neighborhoods compared.Health and Place, 2008(2).

[136] MOLITOR G T T. The next 1000 years. Vital Speeches of the Day , 1999(22).

[137] SIVAK M. Has motorization in the U.S. Peaked? http://www.bv.transports.gouv.qc.ca/mono/1136348.pdf, 2013.

[138] SIVAK M. Has motorization in the U.S. peaked? Part 4: households without a light-duty vehicle. 2014. https://www.pdf-archive.com/2014/01/22/umtri-2014-5/umtri-2014-5.pdf

[139] NAM J, KIM H. The correlation between spatial characteristics and utilization of city parks: A focus on neighborhood parks in Seoul, Korea. Journal of Asian Architecture and Building Engineering, 2014(2).

[140] NICHOLLS S. Measuring the accessibility and equity of public parks: A case study using GIS. Managing Leisure, 2001(6).

[141] PARK K. Psychological park accessibility: a systematic literature review of perceptual components affecting park use. Landscape Research, 2017(42).

[142] PITOMBO C S, KAWAMOTO E, SOUSA A J. An exploratory analysis of relationships between socioeconomic, land use, activity participation variables and travel patterns. Transport Policy, 2011(2).

[143] PLANE J, KLODAWSKY F. Neighbourhood amenities and health: Examining the significance of a local park. Social Science and Medicine, 2013(99).

[144] REYES M, PAEZ A, MORENCY C. Walking accessibility to urban parks by children: A case study of Montreal. Landscape and Urban Planning, 2014(125).

[145] RIES A V, VOORHEES C C, ROCHE K M, Gittelsohn J, et al. A quantitative examination of park characteristics related to park use and physical activity among urban youth. The Journal of Adolescent Health, 2009(Suppl.3).

[146] RIGOLON A, BROWNING M, JENNINGS V. Inequities in the quality of urban park systems: An environmental justice investigation of cities in the United States. Landscape and Urban Planning,

2018(178).

[147] RIND E, SHORTT N, MITCHELL R, et al. Are income-related differences in active travel associated with physical environmental characteristics? A multi-level ecological approach. International Journal of Behavioral Nutrition and Physical Activity, 2015(12).

[148] SISTER C, WOLCH J, WILSON J. Got green? Addressing environmental justice in park provision. GeoJournal, 2010(3).

[149] SUGIYAMA T, CERIN E, OWEN N, et al. Perceived neighbourhood environmental attributes associated with adults' recreational walking: IPEN adult study in 12 countries. Health and Place, 2014(28).

[150] The Trust for Public Land. No place to play: A comparative analysis of park access in seven major cities. The Trust for Public Land, 2004.

[151] UNFPA. State of world population 2007: Unleashing the potential of urban growth. United Nations Population Fund, 2007. http://www.unfpa.org/ swp/2007/presskit/pdf/sowp2007 eng.pdf Last accessed 22.2.2012.

[152] VAN DYCK D, CERIN E, CONWAY T L, et al. Perceived neighborhood environmental attributes associated with adults' transport-related walking and cycling: Findings from the USA, Australia and Belgium. International Journal of Behavioral Nutrition and Physical Activity, 2012(9).

[153] VANCE C, HEDEL R. The impact of urban form on automobile travel: Disentangling causation from correlation. Transportation, 2007(5).

[154] VANCE C, HEDEL R. On the link between urban form and automobile use: Evidence from German survey data. Land Economics, 2008(1).

[155] VILLARAIGOSA A R. Green LA. An action plan to lead the nation in fighting global warming. 2007. http://www.ladwp.com/ladwp/areaHomeIndexjsp?contentId=LADWP_GREENLA_SCID.

[156] WALLS M. Parks and recreation in the United States: Local park systems. Resources for the Future, 2008(1).

[157] WANG D, BROWN G, ZHONG G, et al. Factors influencing perceived access to urban parks: A comparative study of Brisbane (Australia) and Zhongshan (China). Habitat International, 2015(50).

[158] WIKIPEDIA. List of countries by vehicles per capita. 2014. http://en.wikipedia.org/wiki/List_of_countries_by_ve -hicles_per_capita.

[159] WOLCH J, WILSON J P, FEHRENBACH J. Parks and park funding in Los Angeles: An equity mapping analysis. 2002. http://www.usc.edu/dept/geography/ESPE.

[160] WOLCH J R, BYRNE J, NEWELL J P. Urban green space, public health, and environmental justice: The challenge of making cities ' just green enough ' . Landscape and Urban Planning, 2014(125).

后记

本项研究始于 2009 年对上海市公园使用人群的调研。我发现处于城市不同区位公园的使用人群的地域分布和到访交通方式差异非常显著。虽然当时上海的公园还没有分级，但现实的使用情况已经体现出某些公园明显以就近社区使用和步行到访为主，因而激发了进一步研究的兴趣。正好之后要去加州州立理工大学波莫纳分校访学，想要比较一下美国的情况，导师卡伦·C. 汉娜（Karen C. Hanna）教授建议以洛杉矶为比较研究对象。于是，临行前着手对上海 - 洛杉矶做了一些宏观的比较研究，大致拟定了研究计划。之后，申请的国家自然科学基金项目"面向可持续交通的特大城市公园绿地空间格局定量优化研究"获批小额探索资助，才得以支持对洛杉矶公园的一系列调研。

美国公园的分级体系非常完善，区域公园和社区公园的使用区分度很高，而洛杉矶这座移民城市独特而鲜明的社会分层特征深深渗透并影响了公园，尤其是社区公园的配置、建设和使用，这引发了新的有趣的研究聚焦点。回国后，我又申请到浦江人才计划、国家社会科学基金的项目资助。前前后后，整个研究过程断断续续历经十载，的确有些拖沓，以致后期受到卡伦· C. 汉娜教授一再地"隔洋"催促，怎奈一方面事务纷杂，另一方面个人的能力和精力也有欠缺。对时任《中国园林》杂志主编的王绍增先生骤然离世而未能如愿看到这项研究的最终成果公诸于世，深表遗憾。好在终于完成了任务，并以书的形式公开整个研究成果，希望这项多少已经"过时"的研究，仍然可以有一些令人思考和反省的作用。

回想十年的历程，首先要感谢两大基金雪中送炭般的支持，使得整个研究得以顺利推进。其次，由衷感谢导师卡伦· C. 汉娜教授、合作者李维敏教授、加州州立理工大学波莫纳分校人文地理系的吴林教授和 GIS 研究中心（Center of GIS Research）时任主管的博伊金·威瑟斯庞（Boykin Witherspoon III）和管理员曼尼·安扎（Manny Ainza III），以及 ESRI 公司的钟钢女士和章幸东先生。他们都曾热情地加入讨论，为研究洛杉矶的公园系统提供了全方位的理论和技术指导。GIS 研究中心在 2011 年特别出资为本研究配备了学生助研，使之成为这十年中研究效率最高也最让人尽享其中快乐的一年。此外，我还要感谢复旦大学的刘欣教授、同济大学的王甫勤副教授、吴承照教授和张俊副教授在项目申报阶段的支持，我的硕士研究生傅玮芸、夏良驹的积极参与，以及南加州政府联合会 (Southern California Association of Governments，简称 SCAG) 主管王平先生、洛杉矶公共图书馆（Los Angeles Public Library）的地图管理员格伦·克里森（Glen Creason）女士和洛杉矶各个调研样本公园的管理人员所提供的资料。整个研究过程中，还有其他许多给予我各种帮助和支持的人士，在此一并表示感谢。

　　最后，感谢我的家人这十年来的支持。现在想来，正是南加州清朗的晴空下，我的小女儿在一棵棵绿树间蹦来跳去、快乐嬉戏的美好场景支撑了我日复一日的早出晚归，往返在洛杉矶和波莫纳之间，前往一个个公园重复枯燥的调研，却又乐在其中。

骆天庆

2021 年 6 月 27 日于上海

图书在版编目（CIP）数据

憩行之变·低碳之机 / 骆天庆，李维敏著 . -- 上海：
同济大学出版社，2022.8
ISBN 978-7-5765-0285-5

Ⅰ.①憩… Ⅱ.①骆…②李… Ⅲ.①城市公园－空
间规划－规划布局－研究②城市交通－环境污染－污染控
制－研究 Ⅳ.①TU986.2②X734

中国版本图书馆CIP数据核字 (2022) 第121527号

憩行之变 · 低碳之机

骆天庆　李维敏　　著

责 任 编 辑	武　蔚	
责 任 校 对	徐春莲	
装 帧 设 计	曾　增	
出 版 发 行	同济大学出版社 http://www.tongjipress.com.cn	
	（地址：上海市四平路1239号 邮编：200092 电话：021-65985622）	
经　　　销	全国各地新华书店，建筑书店，网络书店	
印　　　刷	上海丽佳制版印刷有限公司	
开　　　本	889mm×1194mm　1/32	
印　　　张	4.25	
字　　　数	114 000	
版　　　次	2022 年 8 月第 1 版	
印　　　次	2022 年 8 月第 1 次印刷	
书　　　号	ISBN 978-7-5765-0285-5	
定　　　价	45.00 元	